数学の かんどころ ③⑦

有理型関数

新井仁之 著

共立出版

編集委員会

飯高　　茂　（学習院大学名誉教授）

中村　　滋　（東京海洋大学名誉教授）

岡部　恒治　（埼玉大学名誉教授）

桑田　孝泰　（東海大学）

「数学のかんどころ」
刊行にあたって

　数学は過去，現在，未来にわたって不変の真理を扱うものであるから，誰でも容易に理解できてよいはずだが，実際には数学の本を読んで細部まで理解することは至難の業である．線形代数の入門書として数学の基本を扱う場合でも著者の個性が色濃くでるし，読者はさまざまな学習経験をもち，学習目的もそれぞれ違うので，自分にあった数学書を見出すことは難しい．山は1つでも登山道はいろいろあるが，登山者にとって自分に適した道を見つけることは簡単でないのと同じである．失敗をくり返した結果，最適の道を見つけ登頂に成功すればよいが，無理した結果諦めることもあるであろう．

　数学の本は通読すら難しいことがあるが，そのかわり最後まで読み通し深く理解したときの感動は非常に深い．鋭い喜びで全身が包まれるような幸福感にひたれるであろう．

　本シリーズの著者はみな数学者として生き，また数学を教えてきた．その結果えられた数学理解の要点（極意と言ってもよい）を伝えるように努めて書いているので読者は数学のかんどころをつかむことができるであろう．

　本シリーズは，共立出版から昭和50年代に刊行された，数学ワンポイント双書の21世紀版を意図して企画された．ワンポイント双書の精神を継承し，ページ数を抑え，テーマをしぼり，手軽に読める本になるように留意した．分厚い専門のテキストを辛抱強く読み通すことも意味があるが，薄く，安価な本を気軽に手に取り通読して自分の心にふれる個所を見つけるような読み方も現代的で悪くない．それによって数学を学ぶコツが分かればこれは大きい収穫で一生の財産と言

えるであろう.

　「これさえ摑めば数学は少しも怖くない，そう信じて進むといいですよ」と読者ひとりびとりを励ましたいと切に思う次第である.

編集委員会と著者一同を代表して

飯高　茂

序　文

　本書は数学のかんどころ 36 『正則関数』に続くもので，有理型関数のよく知られた基礎事項を解説する．有理型関数とは，極と呼ばれる特異点を除いて正則な関数のことで，非常に応用に富む関数である．本書では有理型関数について，次の 4 つの項目に焦点を当てて解説した．

- 実変数関数の積分の計算（留数の原理）
- 基本的ないくつかの定理（部分分数展開，ミッタク・レフラーの定理，偏角の原理等）
- 有理型関数の応用例（z 変換）
- 有理拡張（ガンマ関数，ゼータ関数）

　特に留数の原理に基づく実変数関数の定積分の計算は極めて有用度が高い．これについては解析学でもよく使われる具体例をあげて解説した．

　またディジタル信号処理などでよく使われる z 変換も，本質的には有理型関数の解析に帰着できることが多い．本書では，z 変換と有理型関数の関連についても解説した．

　本書では後の議論に必要な正則関数の無限積についても解説した．

ところで，実軸，あるいは実軸の一部で定義された関数を，複素平面全体の有理型関数に拡張することにより，実数の範囲では得られなかったような深い解析ができるようになる．たとえば留数の原理による定積分の計算もその一例である．このほか，ガンマ関数やゼータ関数なども複素平面上の有理型関数に拡張して考えることにより，さまざまな世界が広がっている．本書でもその出発点の部分を解説した．

本書が有理型関数のさらなる深い世界を学ぶ端緒になれば幸いである．

本書に関連する情報を適宜

http://www.araiweb.matrix.jp

に掲載する予定である．

謝辞

本書の執筆をお勧めいただき，また査読を通して有益なアドバイスをいただきました「数学のかんどころ」編集委員の方々をはじめ，共立出版編集部に感謝いたします．

2018 年初冬　新井仁之

目　　次

序　　文　v

第1章　正則関数の復習 ……………………………………… 1

1.1　正則関数　2

1.2　複素積分　3

1.3　コーシーの定理とコーシーの積分定理　5

1.4　正則関数列　9

1.5　正則関数の諸性質　12

第2章　有理型関数 ……………………………………… 15

2.1　ローラン級数　16

2.2　ローラン展開　18

2.3　特異点の種類と有理型関数　24

第3章　留数による定積分の計算法 …………………… 33

3.1　留数　34

3.2　留数の原理　36

3.3　実変数関数の定積分の計算への応用　37

　　3.3.1　特異点が実軸にない有理関数　37

　　3.3.2　三角関数を含む積分　40

viii 目 次

3.3.3 フーリエ変換の計算　42

3.3.4 x^α を含む積分　47

3.3.5 特異点が実軸にある場合：コーシーの主値積分　52

3.3.6 その他　55

第4章　有理型関数に関するいくつかの定理 ……………… **57**

4.1 部分分数展開　58

4.2 ミッタク・レフラーの定理　66

4.3 偏角の原理とその応用　68

4.4 イェンセンの定理・ネヴァンリンナの定理　73

第5章　無限遠点を含む領域上の有理型関数と
z 変換 ……………………………………………… **79**

5.1 無限遠点での正則点と極　80

5.2 z 変換　85

5.3 たたみ込み積と z 変換　89

5.4 差分方程式と z 変換　92

5.5 無限遠点について　96

5.5.1 拡張された複素平面　96

5.5.2 リーマン球面　99

第6章　無限積 ……………………………………… **103**

6.1 無限積　104

6.2 無限積による正則関数　113

6.3 ネヴァンリンナ空間，ハーディ空間　123

第7章　有理拡張で得られる有理型関数 ……………… **125**

7.1 複素変数のガンマ関数　126

7.2 ガンマ関数の乗積表示　　132

7.3 ゼータ関数　　138

7.4 ゼータ関数の有理接続　　140

付録　実変数関数の積分 ·· **153**

A.1 広義積分　　154

A.2 微分記号と積分記号の順序交換　　155

問題解答　157

文献案内　165

関連図書　167

索　　引　169

第 1 章

正則関数の復習

　本章では，本書を読むのに必要な範囲で正則関数について概略を復習する．詳しい解説と証明は，『正則関数』([1]) を参照してほしい．

　なお本書では関数を $f, g, \ldots$ などと表すが，変数を明記して $f(z), g(z), \ldots$ と表すこともある．

　また

$$N = \{1, 2, 3, \ldots\} \quad （1\text{ 以上の整数全体の集合}）$$
$$Z = \{n : n \text{ は整数}\}$$
$$R = \{x : x \text{ は実数}\}$$
$$C = \{z : z \text{ は複素数}\}$$

とする．特に断らない限り

$$0! = 1$$
$$z^0 = 1 \quad （z \text{ は複素数}）$$

とする．

2　第 1 章　正則関数の復習

1.1　正則関数

Ω を複素平面 C 内の開集合とする．Ω 上の正則関数は次のように定義される．

定義 1.1

f を Ω 上の複素関数とする．f が $z \in \Omega$ で**複素微分可能**であるとは，ある複素数 $f'(z)$ で，

$$\lim_{h \in C, h \neq 0, h \to 0} \frac{f(z+h) - f(z)}{h} = f'(z)$$

となるものが存在することである．f が Ω のすべての点で複素微分可能であり，$z \in \Omega$ に $f'(z)$ を対応させる関数 f' が Ω 上で連続であるとき，f は Ω 上で**正則**であるという．

また C 上で正則な関数を**整関数**という．

注意 1.2　f が Ω のすべての点で複素微分可能ならば，f' は Ω 上で連続になることが知られている（グルサの定理）．しかし，『正則関数』([1]) では，議論を単純化して先に進むため，f' に連続性も仮定した．

$z = x + iy$（x は z の実部，y は z の虚部）として，次のような偏微分の演算子を導入しておく．

$$\frac{\partial}{\partial z} = \frac{1}{2}\left(\frac{\partial}{\partial x} + \frac{1}{i}\frac{\partial}{\partial y}\right),$$

$$\frac{\partial}{\partial \bar{z}} = \frac{1}{2}\left(\frac{\partial}{\partial x} - \frac{1}{i}\frac{\partial}{\partial y}\right)$$

次のことが成り立つ．

定理 1.3 [1, 定理 2.8]

Ω を $\boldsymbol{C}$ 内の開集合とする. f を Ω 上の C^1 級関数とする. このとき, f が Ω 上で正則であるための必要十分条件は,

$$\frac{\partial f}{\partial \bar{z}}(z) = 0 \ (z \in \Omega)$$

となることである. また, このとき

$$f'(z) = \frac{\partial f}{\partial z}(z) \ (z \in \Omega) \tag{1.1}$$

が成り立っている.

1.2 複素積分

複素関数論において重要な役割を果たす複素積分の定義を振り返っておく. $I = [\alpha, \beta]$ 上の実数値連続関数 $x(t), y(t)$ に対して

$$z(t) = x(t) + iy(t), \ t \in I$$

を $\boldsymbol{C}$ 内の連続曲線といい, たとえば $C : z(t), t \in I$ と表す. 集合

$$\{z(t) : t \in I\}$$

を C の軌跡という. $z(\alpha)$ をこの曲線の始点, $z(\beta)$ を終点という. 特に部分集合 $E \subset \boldsymbol{C}$ に対して, C の軌跡が E に含まれているとき, C を E 内の連続曲線という.

$x(t), y(t)$ が t に関して微分可能なとき,

$$x'(t) = \frac{dx}{dt}(t), \ y'(t) = \frac{dy}{dt}(t),$$

$$z'(t) = x'(t) + iy'(t)$$

と表す（複素微分と同じ記号を使っているので混乱しないようにしてほしい）.

$\boldsymbol{C}$ 内の連続曲線 $C : z(t),\, t \in I$ が C^1 級曲線であるとは，各 $x(t), y(t)$ が I 上の C^1 級関数であり，かつ

$$|x'(t)| + |y'(t)| > 0 \ (t \in I)$$

をみたすこととする.

$\boldsymbol{C}$ 内の連続曲線 $C : z(t),\, t \in I$ が区分的に C^1 級であるとは，有限個の点

$$\alpha = t_0 < t_1 < \cdots < t_{N-1} < t_N = \beta$$

が存在し，$C_j : z(t),\, t \in [t_{j-1}, t_j]\ (j = 1, \ldots, N)$ が C^1 級曲線となることである.

$\boldsymbol{C}$ 内の連続曲線 $C : z(t),\, t \in I$ に対して $z^-(t) = z(\alpha + \beta - t)$ とし，

$$C^- : z^-(t),\, t \in [\alpha, \beta]$$

を C の逆向きの曲線という.

$C : z(t),\, t \in I$ を $\boldsymbol{C}$ 内の連続曲線とする. C 上の複素関数 $f(z)$ が C 上で連続であるとは，$f(z(t))$ が t の関数として I 上で連続になっていることである. C が特に C^1 級曲線であるとき，

$$\int_C f(z)dz = \int_\alpha^\beta f(z(t))z'(t)dt$$

により C 上の複素積分が定義される. ここで右辺は曲線 C のパラメータの変更に依存しないことが示される（詳しくは [1, 4.2 節] 参照）.

C が区分的に C^1 級の場合は，上に定めた記号 C_j を用いれば

$$\int_C f(z)dz = \sum_{j=1}^{N} \int_{C_j} f(z)dz$$

により C 上の複素積分が定義される.

1.3 コーシーの定理とコーシーの積分定理

複素関数論で極めて重要な定理にコーシーの定理とコーシーの積分定理がある. これを復習しておこう.

$\boldsymbol{C}$ 内の連続曲線 $C : z(t),\ t \in [\alpha, \beta]$ がジョルダン閉曲線であるとは

$$z(\alpha) = z(\beta),$$
$$z(t) \neq z(s)\ (\alpha \leq t < s < \beta)$$

をみたすことである. 次の定義と規約をする.

$c \in \boldsymbol{C}$ と $r > 0$ に対して

$$D(c, r) = \{z \in \boldsymbol{C} : |z - c| < r\},$$
$$\Delta(c, r) = \{z \in \boldsymbol{C} : |z - c| \leq r\}$$

と表す. $D(c, r)$ を中心 c, 半径 r の開円板, $\Delta(c, r)$ を中心 c, 半径 r の閉円板という.

$$C(c, r) : c + r\left(\cos t + i \sin t\right),\ t \in [0, 2\pi]$$

を中心 c, 半径 r の円周という.

$\Omega \subset \boldsymbol{C}$ が領域であるとは, Ω 内の任意の 2 点に対して, それらを始点と終点とするような Ω 内の区分的な C^1 級曲線が存在する

ことである．また，Ω が**有界領域**であるとは，領域であって，ある $R > 0$ で $\Omega \subset D(0, R)$ となるものが存在することである．

本書では次の領域を定義しておく．

定義 1.4　[1, 定義 4.9]（[1, 注意 4.13] も参照）

C_0 を区分的に C^1 級のジョルダン閉曲線で，それにより囲まれる $\boldsymbol{C}$ 内の有界領域を Ω_0 とする（図 1-1 参照）．$C_1, \ldots, C_N$ を Ω_0 内の区分的に C^1 級のジョルダン閉曲線で，各 C_j により囲まれる Ω_0 に含まれるある有界領域を Ω_j とする．E_j を Ω_j と C_j の軌跡の和集合としたとき $E_j \cap E_k = \emptyset$ ($j \neq k$, $j, k = 1, \ldots, N$) をみたしているとする（$\emptyset$ は空集合を表わす）．この $N + 1$ 個の連続曲線 $C_0, \ldots, C_N$ からなる曲線の族を C で表す．このとき，

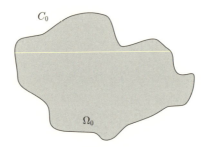

図 1-1　1 個の区分的に C^1 級のジョルダン閉曲線で囲まれる領域．

$$\Omega = \{z : z \in \Omega_0, z \notin E_1, \ldots, z \notin E_N\}$$

で表される領域を**有限個の区分的に C^1 級のジョルダン閉曲線 C で囲まれる有界領域**という（図 1-2 参照）．C に属する曲線の軌跡の和集合を Ω の**境界**といい，Ω と Ω の境界の和集合を

$$\Omega \cup C$$

により表すことにする．明らかに $\Omega \cup C$ は有界閉集合である．

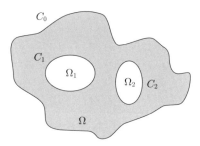

図 1-2 有限個の区分的に C^1 級のジョルダン閉曲線で囲まれる有界領域（$N=2$ の場合）の例．

なお，$C_1, \ldots, C_N$ がない場合は，$\Omega = \Omega_0$ を（1個の）区分的に C^1 級のジョルダン閉曲線 C_0 で囲まれる有界領域と考える．

有限個の区分的に C^1 級のジョルダン閉曲線で囲まれる有界領域に対して，その境界である曲線の向きについて，本書をとおして次の規約を設けておく．ただし，記号は定義 1.4 に従う．

【境界の向きに関する規約】 $C_j : z_j(t), t \in [\alpha_j, \beta_j]$ ($j = 0, 1, \ldots, N$) とする．t が増加すれば，C_j 上の点 $z_j(t)$ は，その進行方向の左側に Ω があるように動くものとする．つまり，点 $z_0(t)$ は C_0 上を反時計回りに，そして $z_j(t)$ ($j = 1, \ldots, N$) は C_j 上を時計回りに動くものとする．このようにパラメータ t が設定されていることを C は正に向きづけられているという（図 1-3 参照）．

定理 1.5 [1, 定理 4.12]

Ω を定義 1.4 で定めた有限個の区分的に C^1 級のジョルダン閉曲線 C で囲まれる有界領域とする．C は正に向きづけられているとする．f を $\Omega \cup C$ を含むある開集合上で C^1 級であり，かつ Ω 上で正則であるとする．このとき次のことが成り立つ．

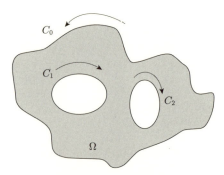

図 1-3 閉曲線の向きは，一番外側の大きな閉曲線 C_0 が反時計回り，内側の小さな閉曲線 C_1, C_2 は時計回り．

(1) （コーシーの定理）
$$\int_C f(z)dz = 0.$$

(2) （コーシーの積分定理）任意の $z \in \Omega$ に対して
$$f(z) = \frac{1}{2\pi i} \int_C \frac{f(\zeta)}{\zeta - z} d\zeta.$$

この定理の帰結として数多くの有用な定理が証明される．たとえばその一例として次のことが証明される．

定理 1.6　[1, 定理 5.3, 5.6]

Ω を $\boldsymbol{C}$ 内の開集合とする．f を Ω 上の正則関数とすると，その複素微分 f' も Ω 上正則である．このことから，f' の複素微分 $f^{(2)}$ も正則，$f^{(2)}$ の複素微分 $f^{(3)}$ も正則である．同様にして $f^{(n)}$ が定義でき，それも正則である．Ω と C を定理 1.5 で定めたものとすると，$z \in \Omega$ に対して
$$f^{(n)}(z) = \frac{n!}{2\pi i} \int_C \frac{f(\zeta)}{(\zeta - z)^{n+1}} d\zeta$$
が成り立つ．

以下，便宜上 $f^{(0)} = f$, $f^{(1)} = f'$ と表す．

1.4　正則関数列

関数列の収束としては，各点収束，一様収束，広義一様収束の概念がある．それらの定義を想起しておこう．

$E \subset \boldsymbol{C}$ を集合とする．f_n を E 上の関数とする（$n = 0, 1, 2, \ldots$）．関数列 $\{f_n\}_{n=1}^{\infty}$ が E 上である関数 f に**各点収束**するとは，任意の $\varepsilon > 0$ と任意の $z \in E$ に対して，ある番号 $N(\varepsilon, z)$ が存在し，$n \geq N(\varepsilon, z)$ ならば

$$|f_n(z) - f(z)| < \varepsilon$$

が成り立つことである．

また関数列 $\{f_n\}_{n=1}^{\infty}$ が E 上である関数 f に**一様収束**するとは，任意の $\varepsilon > 0$ に対して，ある番号 $N(\varepsilon)$ が存在し，$n \geq N(\varepsilon)$ ならば，任意の $z \in E$ に対して

$$|f_n(z) - f(z)| < \varepsilon$$

が成り立つことである．

Ω を $\boldsymbol{C}$ 内の開集合とする．f_n を Ω 上の関数とする（$n = 0, 1, 2, \ldots$）．関数列 $\{f_n\}_{n=1}^{\infty}$ が Ω 上である関数 f に**広義一様収束**するとは，Ω に含まれる任意の有界閉集合 E 上で，$\{f_n\}_{n=1}^{\infty}$ が f に一様収束することである．

次の定理が成り立つ．

10 第1章 正則関数の復習

定理 1.7 [1, 定理 5.11, 5.13]

Ω を C 内の開集合とし，f_n を Ω 上の正則関数とする（$n = 0, 1, 2, \ldots$）．もしも，$\{f_n\}_{n=0}^{\infty}$ が Ω 上のある関数 f に Ω で広義一様収束するならば，f は Ω 上で正則で，任意の正の整数 k に対して，$\{f_n^{(k)}\}_{n=0}^{\infty}$ も $f^{(k)}$ に広義一様収束する．

$\{f_n\}_{n=0}^{\infty}$ を E 上の複素関数列とする．$N = 0, 1, \ldots$ に対して

$$F_N(z) = \sum_{n=0}^{N} f_n(z)$$

と定める．$\{F_N(z)\}_{N=0}^{\infty}$ が $z \in E$ で各点収束するとき，その極限 $F(z) = \lim_{N \to \infty} F_N(z)$ を

$$F(z) = \sum_{n=0}^{\infty} f_n(z)$$

により表す．特にある $z \in E$ に対して

$$\sum_{n=0}^{\infty} |f_n(z)| < +\infty$$

をみたすとき，関数項級数 $\sum_{n=0}^{\infty} f_n(z)$ は z で絶対収束するという．関数項級数 $\sum_{n=0}^{\infty} f_n(z)$ がすべての $z \in E$ で絶対収束するとき，E 上で絶対収束するという．

次の定理は基本的である．

定理 1.8 **ワイエルシュトラスの M 判定法，** [1, 定理 6.4]

$E \subset C$ を集合とし，f_n を E 上の複素関数とする（$n = 1, 2, \ldots$）．もしも，非負の実数 M_n（$n = 0, 1, 2, \ldots$）を

$$\sum_{n=0}^{\infty} M_n < +\infty,$$

$$|f_n(z)| \leq M_n \quad (z \in E, \ n = 0, 1, 2, \ldots)$$

をみたすようにとれるならば，関数項級数 $\sum\limits_{n=0}^{\infty} f_n(z)$ は E 上
のある関数 F に E 上で一様収束かつ絶対収束している．

特に $c, a_n \in \boldsymbol{C}$ $(n = 0, 1, 2, \ldots)$ に対して，関数項級数

$$f(z) = \sum_{n=0}^{\infty} a_n (z - c)^n \tag{1.2}$$

をべき級数という．

定理 1.9 [1, 定理 6.9]

Ω を $\boldsymbol{C}$ 内の開集合とし，f を Ω 上の正則関数であるとする．
$c \in \Omega$ とし，$\Delta(c, r) \subset \Omega$ とする．このとき，f は $D(c, r)$ 上
で一様収束かつ絶対収束する，べき級数

$$f(z) = \sum_{n=0}^{\infty} a_n (z - c)^n \tag{1.3}$$

により表される．ここで，a_n は $0 < s \leq r$ をみたす任意の s
に対して

$$a_n = \frac{f^{(n)}(c)}{n!} = \frac{1}{2\pi i} \int_{C(c,s)} \frac{f(\zeta)}{(\zeta - c)^{n+1}} d\zeta \tag{1.4}$$

となっている（第 2 項は s に依存していない量であることに
注意）．

1.5 正則関数の諸性質

Ω を $\boldsymbol{C}$ 内の領域とし，f を Ω 上の正則関数であるとする．

$$f(z) = 0$$

をみたす z を f の零点という．f の零点からなる集合を

$$Z(f) = \{z : z \in \Omega,\ f(z) = 0\}$$

とおく．ただし $Z(f) = \varnothing$ の場合もある．次の定理が成り立つ．

定理 1.10　**一致の定理，**[1, 定理 7.6]

　Ω を $\boldsymbol{C}$ 内の領域とし，f を Ω 上の正則関数であるとする．もしも $Z(f)$ が無限個の点を含み，しかもそのうち相異なる点からなる列 $\{z_n\}_{n=1}^{\infty}$ で，Ω 内に極限 $c = \lim\limits_{n \to \infty} z_n$ をもつようなものが存在するならば，f は Ω 上で恒等的に 0 である．

定理 1.11　**最大値の原理，**[1, 定理 7.15]

　Ω を $\boldsymbol{C}$ 内の領域とする．f が Ω 上で正則であるとする．$|f|$ が Ω 上で局所的に最大値をとるならば，f は定数関数である．

定理 1.12　**リュービルの定理，**[1, 定理 7.2]

　f を整関数とする．N を 0 以上の整数とする．ある実数 $A > 0$ と $R > 0$ が存在し，

$$|f(z)| \leq A |z|^N \quad (|z| \geq R)$$

が成り立つならば，$f(z)$ は z の高々 N 次の多項式である．

1.5 正則関数の諸性質　　13

　本書をとおして複素指数関数をよく使うので，定義を復習してお
く．複素指数関数 e^z はべき級数により

$$e^z = \sum_{n=0}^{\infty} \frac{z^n}{n!}$$

と定義される．これは整関数になっている．また複素変数の三角関
数は，$z \in \boldsymbol{C}$ に対して

$$\sin z = \sum_{n=1}^{\infty} (-1)^{n-1} \frac{z^{2n-1}}{(2n-1)!},$$
$$\cos z = \sum_{n=0}^{\infty} (-1)^n \frac{z^{2n}}{(2n)!}$$

と定義される．これも整関数になっている．
　$z = x + iy$ としたとき，

$$e^z = e^x (\cos y + i \sin y) \tag{1.5}$$

が成り立っている．また

$$\cos z = \frac{e^{iz} + e^{-iz}}{2}, \tag{1.6}$$
$$\sin z = \frac{e^{iz} - e^{-iz}}{2i} \tag{1.7}$$

である．
　以上の証明は [1] を参照してほしい．
　以上が正則関数に関する復習である．これらのことの確認ができ
たら，いよいよ本論の有理型関数について学んでいこう．

第 2 章

有理型関数

多項式の商で表される有理関数

$$\frac{a_N z^N + a_{N-1} z^{N-1} + \cdots + a_1 z + a_0}{b_M z^M + b_{M-1} z^{M-1} + \cdots + b_1 z + b_0}$$

あるいは

$$\frac{1}{\sin z}$$

のような関数は，分母が 0 となる点において正則とは限らない．このような点を特異点という．本章では，いくつかの点が特異点になっている有理型関数と呼ばれる関数を扱う．有理型関数は解析学では非常に有用な関数である．また本章で学ぶ留数の原理は，実変数関数の定積分の具体的な計算をするための強力な道具となっている．

16　第2章　有理型関数

2.1　ローラン級数

　正則関数は定義域に含まれる円板上で，べき級数 $\sum_{n=0}^{\infty} a_n(z-c)^n$ に展開できた．ここではより一般の級数

$$\sum_{n=-\infty}^{\infty} a_n(z-c)^n \quad (\text{ただし } z \neq c) \tag{2.1}$$

により表される関数について学ぶ．この級数とべき級数との違いは，添え字 n が非負の整数だけでなく，負の整数にもわたっていることである．(2.1) のような級数をローラン級数という．本書の主題である有理型関数はべき級数ではなく，ローラン級数として表される．まずローラン級数の収束について考える．

　以下，便宜上 $D(c,+\infty) = \boldsymbol{C}$ と定める．

　ローラン級数 (2.1) を形式的に，べき級数ではない部分とべき級数の部分とに分けておく．

$$\sum_{n=-\infty}^{\infty} a_n(z-c)^n = \sum_{n=1}^{\infty} \frac{a_{-n}}{(z-c)^n} + \sum_{n=0}^{\infty} a_n(z-c)^n. \tag{2.2}$$

　これを解析しやすくするために，形式的に次のようなべき級数

$$H(z) = \sum_{n=1}^{\infty} a_{-n} z^n,$$

$$P(z) = \sum_{n=0}^{\infty} a_n z^n$$

を定める．すると (2.2) は，

$$\sum_{n=-\infty}^{\infty} a_n(z-c)^n = H\left(\frac{1}{z-c}\right) + P(z-c)$$

と表される.

いま，$H(z)$ と $P(z)$ がそれぞれ $D(0,T)$ と $D(0,R)$（ただし $0 < T, R \le +\infty$）で広義一様収束かつ絶対収束しているとする．このとき

$$P(z-c) = \sum_{n=0}^{\infty} a_n(z-c)^n$$

は $|z-c| < R$ で広義一様収束かつ絶対収束し，したがって，$D(c,R)$ 上の正則関数になっている.

$H\left(\dfrac{1}{z-c}\right)$ については次のように考える．$r = \dfrac{1}{T}$ とおく．ただし $T = +\infty$ の場合は，$r = 0$ と定める.

$$w = \frac{1}{z-c}$$

とおくと

$$H\left(\frac{1}{z-c}\right) = \sum_{n=1}^{\infty} \frac{a_{-n}}{(z-c)^n} = \sum_{n=1}^{\infty} a_{-n}w^n = H(w)$$

と表せる．仮定より，$|w| < T$ に対して，$H(w)$ は広義一様収束かつ絶対収束しているから，$H\left(\dfrac{1}{z-c}\right)$ は $|z-c| = \dfrac{1}{|w|} > r$ で広義一様収束かつ絶対収束している．したがって，$H\left(\dfrac{1}{z-c}\right)$ は $\{z \in \boldsymbol{C} : |z-c| > r\}$ で正則になっている.

以下では

$$0 \le r < R \le +\infty$$

である場合を考察する．

$$A(c;r,R) = \{z \in \boldsymbol{C} : r < |z-c| < R\}$$

とおく（図 2-1）．これを**円環領域**という．

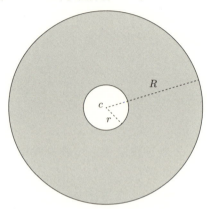

図 **2-1** 円環領域 $A(c;r,R)$．

以上の設定のもとではローラン級数

$$\sum_{n=-\infty}^{\infty} a_n(z-c)^n = H\left(\frac{1}{z-c}\right) + P(z-c)$$

は $A(c;r,R)$ 上の正則関数になっている．$H\left(\dfrac{1}{z-c}\right)$ をこのローラン級数の c における**主要部**という．

2.2 ローラン展開

　本節では円環領域上のどのような正則関数も，ローラン級数に展開できることを証明する．なお，以下本書では円周

$$C(c, r) : c + re^{it}, \ t \in [0, 2\pi]$$

には反時計回りの向きが定められているものとする．なお $C^-(c,r)$ により同じ円周に，時計回りの向きを定めたものを表す．

定理 2.1

$0 \leq r < R \leq +\infty$ とする．f が円環領域 $A(c;r,R)$ 上の正則関数であるとする．このとき，$A(c;r,R)$ 上で

$$f(z) = \sum_{n=-\infty}^{\infty} a_n(z-c)^n \tag{2.3}$$

が成り立ち，右辺の級数は $A(c;r,R)$ 上で広義一様収束かつ絶対収束している．さらに $r < s < R$ なる任意の実数 s に対して

$$a_n = \frac{1}{2\pi i} \int_{C(c,s)} \frac{f(\zeta)}{(\zeta-c)^{n+1}} d\zeta \tag{2.4}$$

と表せ．右辺の積分は s に依存しない値をとる．

[証明]　まず最後の主張の証明から始める．$r < r_1 < r_2 < R$ とする．$\dfrac{f(\zeta)}{(\zeta-c)^{n+1}}$ は $\{z \in \boldsymbol{C} : r_1 \leq |z-c| \leq r_2\}$ を含む開集合上で正則であるから，コーシーの定理より

$$\int_{C(c,r_2)} \frac{f(\zeta)}{(\zeta-c)^{n+1}} d\zeta + \int_{C^-(c,r_1)} \frac{f(\zeta)}{(\zeta-c)^{n+1}} d\zeta = 0$$

が成り立っている．したがって

$$\int_{C(c,r_2)} \frac{f(\zeta)}{(\zeta-c)^{n+1}} d\zeta = \int_{C(c,r_1)} \frac{f(\zeta)}{(\zeta-c)^{n+1}} d\zeta. \tag{2.5}$$

ゆえに (2.4) の右辺の積分が s に依存しないことがわかる．

前半の主張を証明する．まず $c = 0$ の場合を証明する．$r < r_1 < R_1 < R$ なる正数 r_1, R_1 をとり，$z \in A(0; r_1, R_1)$ を任意にとる．

$$C_1 = C(0, R_1),\ C_2 = C^-(0, r_1)$$

とおく．コーシーの積分公式により

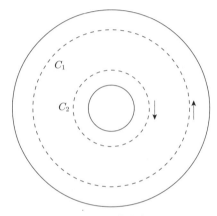

図 **2-2** 積分路．

$$f(z) = \frac{1}{2\pi i}\int_{C_1}\frac{f(\zeta)}{\zeta - z}d\zeta + \frac{1}{2\pi i}\int_{C_2}\frac{f(\zeta)}{\zeta - z}d\zeta \tag{2.6}$$

が成り立つ．右辺の第1項と第2項をそれぞれ解析していく．まず右辺の第1項については，$|z| < R_1$ より

$$\frac{1}{2\pi i}\int_{C_1}\frac{f(\zeta)}{\zeta - z}d\zeta = \frac{1}{2\pi i}\int_{C_1}\frac{f(\zeta)}{\zeta\left(1 - \dfrac{z}{\zeta}\right)}d\zeta = \frac{1}{2\pi i}\int_{C_1}\frac{f(\zeta)}{\zeta}\sum_{n=0}^{\infty}\frac{z^n}{\zeta^n}d\zeta$$

$$= \sum_{n=0}^{\infty}\frac{1}{2\pi i}\int_{C_1}\frac{f(\zeta)}{\zeta^{n+1}}d\zeta\, z^n$$

(ここで積分と和の記号の交換は級数が一様収束していることにより保証されている[1])．ゆえに

---
1) たとえば [1, 定理 6.9] の証明参照．

$$\frac{1}{2\pi i} \int_{C_1} \frac{f(\zeta)}{\zeta - z} d\zeta = \sum_{n=0}^{\infty} a_n z^n, \tag{2.7}$$

ただしここで

$$a_n = \frac{1}{2\pi i} \int_{C_1} \frac{f(\zeta)}{\zeta^{n+1}} d\zeta$$

である. なおここで, べき級数 (2.7) は $D(0, R_1)$ において（したがって $A(0\,;r_1, R_1)$ において）広義一様収束かつ絶対収束していることに注意する（たとえば [1, 定理 6.9] の証明参照）.

次に (2.6) の右辺の第 2 項について考察する. C_2 の逆向きの円周を C_2^- とすると

$$\frac{1}{2\pi i} \int_{C_2} \frac{f(\zeta)}{\zeta - z} d\zeta = \frac{1}{2\pi i} \int_{C_2^-} \frac{f(\zeta)}{z - \zeta} d\zeta \tag{2.8}$$

である. $|z| > r_1 = |\zeta|$ であるから, 任意の正の整数 N に対して

$$\begin{aligned}
\frac{1}{z - \zeta} &= \frac{1}{z\left(1 - \dfrac{\zeta}{z}\right)} = \frac{1}{z} \sum_{n=0}^{\infty} \left(\frac{\zeta}{z}\right)^n \\
&= \frac{1}{z} \sum_{n=0}^{N} \left(\frac{\zeta}{z}\right)^n + \frac{1}{z} \sum_{n=N+1}^{\infty} \left(\frac{\zeta}{z}\right)^n \\
&= \frac{1}{z} \sum_{n=0}^{N} \left(\frac{\zeta}{z}\right)^n + \frac{1}{z} \left(\frac{\zeta}{z}\right)^{N+1} \frac{1}{1 - \dfrac{\zeta}{z}} \\
&= \sum_{n=0}^{N} \frac{\zeta^n}{z^{n+1}} + \left(\frac{\zeta}{z}\right)^{N+1} \frac{1}{z - \zeta}. \tag{2.9}
\end{aligned}$$

ここで, $n = 1, 2, \ldots$ に対して

$$a_{-n} = \frac{1}{2\pi i} \int_{C_2^-} f(\zeta) \zeta^{n-1} d\zeta$$

とおく. (2.8), (2.9) より

$$\frac{1}{2\pi i}\int_{C_2}\frac{f(\zeta)}{\zeta - z}d\zeta = -\frac{1}{2\pi i}\int_{C_2^-}\frac{f(\zeta)}{z - \zeta}d\zeta$$

$$= \sum_{n=0}^{N}\frac{1}{2\pi i}\int_{C_2^-}f(\zeta)\zeta^n d\zeta \frac{1}{z^{n+1}}$$

$$+ \frac{1}{2\pi i}\int_{C_2^-}\left(\frac{\zeta}{z}\right)^{N+1}\frac{f(\zeta)}{z - \zeta}d\zeta$$

$$= \sum_{n=1}^{N+1}a_{-n}z^{-n} + \frac{1}{2\pi i}\int_{C_2^-}\left(\frac{\zeta}{z}\right)^{N+1}\frac{f(\zeta)}{z - \zeta}d\zeta.$$

ゆえに M_{r_1} を $|f|$ の C_2 上での最大値とすると

$$\left|\frac{1}{2\pi i}\int_{C_2}\frac{f(\zeta)}{\zeta - z}d\zeta - \sum_{n=1}^{N+1}a_{-n}z^{-n}\right| = \left|\frac{1}{2\pi i}\int_{C_2^-}\left(\frac{\zeta}{z}\right)^{N+1}\frac{f(\zeta)}{z - \zeta}d\zeta\right|$$

$$\leq \frac{1}{2\pi}\int_{C_2^-}\left|\frac{\zeta}{z}\right|^{N+1}\frac{|f(\zeta)|}{|z| - |\zeta|}|d\zeta|$$

$$\leq \frac{1}{2\pi}\left(\frac{r_1}{|z|}\right)^{N+1}\frac{M_{r_1}}{|z| - r_1}\int_{C_2^-}|d\zeta|$$

$$\to 0 \quad (N \to \infty).$$

ゆえに

$$\frac{1}{2\pi i}\int_{C_2}\frac{f(\zeta)}{\zeta - z}d\zeta = \sum_{n=1}^{\infty}a_{-n}z^{-n} \tag{2.10}$$

が成り立っている. また, $r_1 < |z| < R_1$ であるから

$$|a_{-n}z^{-n}| \leq \frac{1}{2\pi}\int_{C_2^-}|f(\zeta)\zeta^{n-1}|\,|d\zeta|\,|z|^{-n} \leq M_{r_1}\left(\frac{r_1}{|z|}\right)^n$$

と M 判定法より, (2.10) は $A(c; r_1, R_1)$ で広義一様収束かつ絶対収束している. r_1, R_1 は $r < r_1 < R_1 < R$ なる任意の数であるから, 定理の前半の主張が証明された.

一般の c については, 関数 $f(z)$ の代わりに $f(z - c)$ を考えれば, $c = 0$ の場合の議論を使って証明できる. □

(2.3) を f の $z = c$ における**ローラン展開**という.

ローラン級数の係数は一意的に定まることを示しておく. f が円環領域 $A(c; r, R)$ 上の正則関数で,

$$f(z) = \sum_{n=-\infty}^{\infty} a_n (z-c)^n = \sum_{n=-\infty}^{\infty} b_n (z-c)^n$$

と表されているとする. このとき, 整数 ν に対して,

$$
\begin{aligned}
\frac{f(z)}{(z-c)^{\nu+1}} &= \sum_{n=-\infty}^{\infty} b_n (z-c)^{n-\nu-1} \qquad\qquad (2.11) \\
&= \sum_{n=-\infty}^{\nu-1} b_n (z-c)^{n-\nu-1} + b_\nu (z-c)^{-1} \\
&\quad + \sum_{n=\nu+1}^{\infty} b_n (z-c)^{n-\nu-1}
\end{aligned}
$$

である. これらの級数は $A(c; r, R)$ で広義一様収束しており,

$$\frac{1}{2\pi i} \int_{C(c,s)} (z-c)^m \, dz = \begin{cases} 1, & m = -1 \\ 0, & m \neq -1 \end{cases}$$

$(r < s < R)$ あるから ([1, 問題 4.5] 参照), (2.11) を項別積分して,

$$\frac{1}{2\pi i} \int_{C(c,s)} \frac{f(z)}{(z-c)^{\nu+1}} \, dz = b_\nu$$

が得られる. ゆえに定理 2.1 の (2.4) より $a_\nu = b_\nu$ である.

24　第 2 章　有理型関数

2.3　特異点の種類と有理型関数

$f(z)$ が $A(c; 0, R) = \{z \in \boldsymbol{C} : 0 < |z - c| < R\}$ で正則であるとする．このとき，定理 2.1 より $z \in A(c; 0, R)$ に対して

$$f(z) = \sum_{n=-\infty}^{\infty} a_n(z - c)^n \qquad (2.12)$$

が成り立つ．ローラン級数の項のうち $z = c$ で正則性が失われているのは

$$\frac{a_{-1}}{z - c}, \frac{a_{-2}}{(z - c)^2}, \frac{a_{-3}}{(z - c)^3}, \cdots$$

の部分である．もし $a_{-1} = a_{-2} = \cdots = 0$ ならばローラン級数はべき級数である．$a_{-n} \neq 0$ なる a_{-n} がどのくらいあるかで，正則性が失われる状況が異なってくる．

一般に係数 a_n $(n \in \boldsymbol{Z})$ について次の 3 つの場合が考えられる.

場合 1　すべての番号 n に対して $a_n = 0$ である．

場合 2　$a_n \neq 0$ となる番号 n が存在し，かつある番号より小さなすべての番号 k に対して $a_k = 0$ となっている．

場合 3　場合 1 でも場合 2 でもない場合（つまり，任意の整数 L に対して $a_k \neq 0$ となる番号 $k < L$ が存在する）．

場合 2 のとき，$a_n \neq 0$ となる最小の番号を $n_{\min}$ と表す．また便宜上，場合 1 のときは $n_{\min} = +\infty$，場合 3 のときは $n_{\min} = -\infty$ と表す．

$n_{\min}$ の状況により正則点，極，真性特異点が次のように定義される．

2.3 特異点の種類と有理型関数　25

定義 2.2

$$0 \leq n_{\min} \leq +\infty$$

のとき，c は $f(z)$ の **正則点** であるという．特に $n_{\min} \geq 1$ の
とき c は (2.12) の右辺の級数の定義する関数の零点であるが，
$n_{\min}$ をその位数といい，c は $f(z)$ の $n_{\min}$ 位の零点という（後
述の注意 2.3 も参照）．

$$-\infty \leq n_{\min} < 0$$

の場合，c を $f(z)$ の **孤立特異点** という．特に

$$-\infty < n_{\min} < 0$$

であるとき，c を $f(z)$ の **極** といい，$n_{\min}$ をその位数，c を
$f(z)$ の $n_{\min}$ 位の極という．

$$n_{\min} = -\infty$$

の場合は c を $f(z)$ の **真性特異点** という．

注意 2.3　f を $A(c; 0, R)$ 上正則であり，c が f の正則点であるとす
る．この場合，$f(z)$ の $z = c$ での値は決まっていないが，

$$f(c) = a_0$$

（a_0 は (2.12) によるもの）と定めることにより，$z \in D(c, R)$ 上で

$$f(z) = \sum_{n=0}^{\infty} a_n (z - c)^n$$

が成り立つ．したがって，$f(z)$ は $D(c, R)$ 上の正則関数になる．こ
のことから，以下では，c が正則点の場合は，上記の操作により $f(z)$
は $z = c$ の近傍[2]では正則であると考える．

---
2)　本書では，$z = c$ の近傍とは，c を含むある開集合を意味するものとする．

26　第2章　有理型関数

Ω を $\boldsymbol{C}$ 内の開集合とする．$A \subset \Omega$ が Ω 内に集積点をもつとは，A が無限集合であり，A の点の列 $\{z_n\}_{n=1}^{\infty}$ と $z \in \Omega$ で，$z_n \neq z$ $(n \in \boldsymbol{N})$ かつ $\lim_{n \to \infty} z_n = z$ となるものが存在することである．z を A の集積点という．A が有限集合か，あるいは無限集合でも Ω 内に集積点をもたないとき，A を Ω 内の孤立点の集合という．便宜上，空集合も孤立点の集合ということにする．

A が Ω の孤立点の集合とする．$c \in A$ ならば，ある $r > 0$ で

$$D(c, r) \subset \Omega,$$

$$D(c, r) \cap A = \{c\}$$

となるものが存在することに注意しておく[3]．したがって f が $\Omega \smallsetminus A$ で正則ならば（問題 2.1(2) 参照），A の点は f の正則点あるいは孤立特異点である．

問題 2.1　(1) $A = \left\{ \dfrac{1}{n} : n = 1, 2, \dots \right\}$ は $\boldsymbol{C}$ 内の孤立点の集合ではないが，$\{z \in \boldsymbol{C} : \operatorname{Re} z > 0\}$ 内の孤立点の集合であることを示せ．
(2) A が開集合 Ω 内の孤立点の集合であれば，$\Omega \smallsetminus A$ は開集合であることを示せ．

定義 2.4

$\Omega \subset \boldsymbol{C}$ を領域とし，$A \subset \Omega$ を Ω 内のある孤立点の集合とする．$\Omega \smallsetminus A$ 上の正則関数 f で，A の点が f の極であるとき，f を Ω 上の**有理型関数**という．特に，正則関数は，$A = \varnothing$ の場合に相当すると考えて，有理型関数の一例とみなすこともある．

---

[3]　もしもこのような r が存在しないとする．十分大きな任意の $n \in \boldsymbol{N}$ に対して，$D\left(c, \dfrac{1}{n}\right) \subset \Omega$ であるから，$a_n \in D\left(c, \dfrac{1}{n}\right) \cap A$, $a_n \neq c$ が存在する．$\lim_{n \to \infty} a_n = c$ である．このことは A が Ω の孤立点の集合であることに反する．

2.3 特異点の種類と有理型関数　　27

定理 2.5

f を $D(c, R)$ 上の正則関数であり，c が f の k 位の零点であり，$f(z) \neq 0$ $(z \in D(c, R) \smallsetminus \{c\})$ であるとする．このとき，

$$\frac{1}{f}$$

は $D(c, R)$ 上の有理型関数であり，c が f の k 位の極になっている．

[証明] $f(z)$ の $z = c$ でのべき級数展開は $f(z) = \sum\limits_{n=k}^{\infty} a_n (z - c)^n$ と表せる．ここで，$a_k \neq 0$ である．$G(z) = \sum\limits_{n=k}^{\infty} a_n (z - c)^{n-k}$ とすると，G は $D(c, R)$ 上の正則関数であり，$(z - c)^k G(z) = f(z)$ が成り立っている．$G(c) = a_k \neq 0$ であり，仮定より $f(z) \neq 0$ $(z \in D(c, R) \smallsetminus \{c\})$ であるから $G(z) \neq 0$ $(z \in D(c, R))$ である．ゆえに $\dfrac{1}{G(z)}$ は $D(c, R)$ 上で正則である．ゆえに

$$\frac{1}{G(z)} = \sum_{n=0}^{\infty} b_n (z - c)^n$$

とべき級数で表せる．したがって $A(c; 0, R)$ 上では

$$\frac{1}{f(z)} = \frac{1}{(z - c)^k} \frac{1}{G(z)} = \frac{1}{(z - c)^k} \sum_{n=0}^{\infty} b_n (z - c)^n$$

$$= \sum_{n=0}^{\infty} b_n (z - c)^{n-k} = \sum_{n=-k}^{\infty} b_{n+k} (z - c)^n,$$

ただし，$b_0 = \dfrac{1}{G(c)} = \dfrac{1}{a_k} \neq 0$ である．よって定理が証明された．　□

問題 2.2 $f(z)$ を領域 Ω 上の正則関数とする．$f(z)$ がある $c \in \Omega$ を任意の位数の零点にもつならば，$f(z) = 0$ $(z \in \Omega)$ であることを示せ．

28   第 2 章 有理型関数

問題 2.3 $f(z)$, $g(z)$ を領域 Ω 上の有理型関数とする. $g(z)$ は「Ω 上で恒等的に 0」でないとする[4]. このとき, $\dfrac{f(z)}{g(z)}$ は Ω 上の有理型関数であることを示せ.

定理 2.6

有理関数

$$f(z) = \frac{a_0 + a_1 z + \cdots + a_n z^n}{b_0 + b_1 z + \cdots + b_m z^m}$$

は $\boldsymbol{C}$ 上の有理型関数である.

[証明] $f(z)$ の分母と分子を因数分解して（代数学の基本定理, [1, 定理 7.5] 参照）, 共通因数を約したものを

$$f(z) = \frac{(z - \alpha_1)^{n_1} \cdots (z - \alpha_j)^{n_j}}{(z - \beta_1)^{m_1} \cdots (z - \beta_k)^{m_k}}$$

（ただし $\beta_1, \ldots, \beta_k$ は相異なる複素数）とする. このとき, $l = 1, \ldots, k$ に対して, β_l の十分小さい近傍上で

$$g_l(z) = \frac{(z - \alpha_1)^{n_1} \cdots (z - \alpha_j)^{n_j}}{(z - \beta_1)^{m_1} \cdots (z - \beta_{l-1})^{m_{l-1}} (z - \beta_{l+1})^{m_{l+1}} \cdots (z - \beta_k)^{m_k}}$$

は正則関数で,

$$f(z) = \frac{g_l(z)}{(z - \beta_l)^{m_l}}$$

と表せる. g_l の定義より $g_l(\beta_l) \neq 0$ であるから $f(z)$ は β_l を m_l 位の極として有することがわかる. 明らかに $f(z)$ は $\boldsymbol{C} \smallsetminus \{\beta_l\}_{l=1}^{k}$ で正則である. よって $f(z)$ は $\boldsymbol{C}$ で有理型になっている.   □

---

4) すなわち, $g(z) \neq 0$ をみたす $z \in \Omega$ が存在すること.

2.3 特異点の種類と有理型関数　29

　有理型関数を構成する際に，見かけ上孤立特異点になっている点が現れることがある．これは次の定理を用いて排除できる．

定理 2.7　**リーマンの除去可能特異点定理**

　f を $A(c;0,r)$ で正則とする．c が f の正則点であるための必要十分条件は，十分小さなある $0 < \delta < r$ に対して f が $A(c;0,\delta)$ 上で有界になっていること，すなわち，ある非負の実数 M で，$|f(z)| \leq M$ $(z \in A(c;0,\delta))$ なるものが存在することである．このとき，$z = c$ を f の**除去可能な特異点**という．

[証明]　十分性を示す．c でのローラン展開の係数 a_{-n} $(n > 0)$ は，$0 < \varepsilon < \delta$ に対して

$$|a_{-n}| \leq \frac{1}{2\pi} \int_{C(c,\varepsilon)} \left| f(z)(z-c)^{n-1} \right| |dz| \leq \frac{M\varepsilon^{n-1}}{2\pi} \int_{C(c,\varepsilon)} |dz|$$

$$= M\varepsilon^n \to 0 \ (\varepsilon \to 0)$$

である．ゆえに c は正則点である．必要性は明らかである．　　□

例 2.8

　$z \neq 0$ に対して，

$$f(z) = \frac{z}{e^z - 1}$$

と定める．$f(z)$ は $\boldsymbol{C} \smallsetminus \{0\}$ で正則であり，0 は f の除去可能な特異点である．

30 第 2 章 有理型関数

[**解説**] $0 < |z| < 1$ とする. 三角不等式から

$$|e^z - 1| = |z + e^z - 1 - z| \geq |z| - |e^z - 1 - z|.$$

さらに

$$|e^z - 1 - z| = \left| \sum_{n=0}^{\infty} \frac{z^n}{n!} - 1 - z \right| = \left| \sum_{n=2}^{\infty} \frac{z^n}{n!} \right| \leq \sum_{n=2}^{\infty} \frac{|z|^n}{n!}$$

$$\leq |z| \sum_{n=2}^{\infty} \frac{1}{n!} = |z| \, (e - 2) < \frac{3}{4} |z|.$$

ゆえに

$$|e^z - 1| > |z| - \frac{3}{4} |z| = \frac{1}{4} |z|$$

が得られる. ゆえに

$$\left| \frac{z}{e^z - 1} \right| < 4$$

となり, $z = 0$ は $f(z)$ の除去可能な特異点である. □

問題 2.4 $f(z) = \dfrac{\sin z}{z - \pi}$ のとき, $z = \pi$ は除去可能特異点であることを示せ.

問題 2.5 $f(z) = e^{1/z} \ (z \neq 0)$ とする. f の $z = 0$ でのローラン展開を求め, 0 が f の真性特異点であることを示せ.

最後に真性特異点に関する特徴的な性質を示しておく.

定理 2.9

　　f が $A(c; 0, R)$ 上で正則で, $z = c$ が真性特異点であるとする. このとき, 任意の $\alpha \in \boldsymbol{C}$ に対して, c に収束する点列

$\{z_n\}_{n=1}^{\infty} \subset A(c; 0, R)$ で,

$$\lim_{n \to \infty} f(z_n) = \alpha$$

なるものが存在する.

[証明] もしも,c に収束するどのような点列 $\{z_n\}_{n=1}^{\infty} \subset A(c; 0, R)$ をとっても,$f(z_n)$ が α に収束しないとする.このときは,ある $\varepsilon_0 > 0$ とある $R > \delta > 0$ が存在し,$0 < |z - c| < \delta$ ならば,$|f(z) - \alpha| \geq \varepsilon_0$ であることがわかる.したがって

$$g(z) = \frac{1}{f(z) - \alpha}$$

は $A(c; 0, \delta)$ 上で正則であり,かつ有界である.したがってリーマンの除去可能特異点定理より g は $z = c$ での値を適当に定めることにより,$D(c, \delta)$ 上の正則関数にできる.g は恒等的に 0 ということはないから,問題 2.2(巻末に解答有り)より g の零点は,存在してもその位数は高々有限である.

$$f(z) = \frac{1}{g(z)} + \alpha \ (z \in A(c; 0, \delta))$$

であるから,$z = c$ は f の正則点または極でなければならず,真性特異点であることに反する. $\square$

第 3 章

留数による定積分の計算法

　有理型関数に関する代表的な定理の一つは，留数の原理である．これにより，微分積分では複雑な計算をしなければならないような実変数関数の積分の値を，比較的容易に求めることができるようになる．実変数を複素変数に拡張することにより，実変数の関数の解析に新たな視点がもたらされることは多いが，本章で学ぶ留数の原理はその代表的なものの一つであろう．

34　第3章　留数による定積分の計算法

3.1　留数

$c \in \boldsymbol{C}$ とし $0 < R \leq +\infty$ とする．$f(z)$ を $A(c\,; 0, R)$ における正則関数とし，

$$f(z) = \sum_{n=-\infty}^{\infty} a_n (z-c)^n$$

をそのローラン展開とする．このとき，a_{-1} を $f(z)$ の $z = c$ における留数といい，$\mathrm{Res}\,(f\,; c)$ により表す．定理 2.1 より，$0 < r < R$ に対して

$$\mathrm{Res}\,(f\,; c) = a_{-1} = \frac{1}{2\pi i} \int_{C(c,r)} f(z) dz \qquad (3.1)$$

が成り立っている．

まずは，留数を簡単に計算する方法を述べておこう．いま，c が $f(z)$ の 1 位の極であるとする．このとき，

$$(z-c)f(z) = \sum_{n=-1}^{\infty} a_n (z-c)^{n+1} = a_{-1} + \sum_{n=0}^{\infty} a_n (z-c)^{n+1}$$

$$\to a_{-1} \quad (z \to c)$$

である．すなわち c が 1 位の極のときは

$$\mathrm{Res}\,(f\,; c) = \lim_{z \to c} (z-c)f(z)$$

となっている．

c が $f(z)$ の 2 位の極であるときは，

$$(z-c)^2 f(z) = a_{-2} + a_{-1}(z-c) + \sum_{n=0}^{\infty} a_n (z-c)^{n+2}$$

より，両辺を 1 回複素微分すると

$$\left((z-c)^2 f\right)^{(1)}(z) = a_{-1} + \sum_{n=0}^{\infty}(n+2)a_n(z-c)^{n+1}$$

$$\to a_{-1} \quad (z \to c)$$

である[1].

$$\mathrm{Res}\,(f\,;c) = \lim_{z \to c}\left((z-c)^2 f\right)^{(1)}(z)$$

となっている.

一般に c が $f(z)$ の k 位の極であるとき,

$$(z-c)^k f(z) = a_{-k} + \cdots + a_{-1}(z-c)^{k-1} + \sum_{n=0}^{\infty}a_n(z-c)^{n+k}$$

であるから,

$$\left((z-c)^k f\right)^{(k-1)}(z)$$
$$= (k-1)!a_{-1} + \sum_{n=0}^{\infty}(n+k)\cdots(n+1)a_n(z-c)^{n+1}$$

が成り立っている. したがって, 次のことが成り立つ.

定理 3.1

$f(z)$ を $A(c\,;0,R)$ 上の正則関数とし, c を $f(z)$ の k 位の極とする. このとき

$$\mathrm{Res}\,(f\,;c) = \lim_{z \to c}\frac{1}{(k-1)!}\left((z-c)^k f\right)^{(k-1)}(z) \qquad (3.2)$$

である.

---

1) ここで $^{(1)}$ の記号であるが, 正則関数 g に対して $g^{(1)}$ は g の複素微分を表す. 一般に $g^{(k)}$ は g を k 回複素微分したものである (定理 1.6 参照).

36 第3章 留数による定積分の計算法

問題 3.1 $f(z) = \dfrac{\sin \pi z}{z^2(z-1)}$ の極と留数を求めよ.

3.2 留数の原理

有理型関数の複素積分は,積分を計算しなくとも留数を求めれば
よいことがある.それを保証するのが次に述べる留数の原理である

定理 3.2 **留数の原理**

Ω を $\boldsymbol{C}$ 内の有界領域で,定義 1.4 で定めた有限個の区分的
に C^1 級のジョルダン閉曲線 C で囲まれる有界領域とし,C
は正に向きづけられているものとする.$f(z)$ が $\Omega \cup C$ を含む
ある開集合上の有理型関数であり,C 上に極はなく,Ω 内の
極は $c_1, \ldots, c_l$ であるとする.このとき

$$\int_C f(z)dz = 2\pi i \sum_{j=1}^{l} \mathrm{Res}\,(f\,;c_j)$$

である.

[証明] 十分小さな $\delta > 0$ をとり,$\Delta\,(c_j, \delta) \subset \Omega$ $(j = 1, \ldots, l)$
となるようにできる.$\Gamma_j = C\,(c_j, \delta)$(円周は反時計回り),$\Gamma_j^- = C^-(c_j, \delta)$ とする.$\Omega' = \Omega \smallsetminus \bigcup_{j=1}^{l} \Delta\,(c_j, \delta)$ とおく.このとき,C,
$\Gamma_1^-, \ldots, \Gamma_l^-$ を合わせた曲線の族を C' とすると,Ω' は C' により囲ま
れている.f は Ω' 上では正則であるから,コーシーの定理より

$$\int_{C'} f(z)dz = 0$$

である．したがって (3.1) より

$$\int_C f(z)dz = -\sum_{j=1}^l \int_{\Gamma_j^-} f(z)dz = \sum_{j=1}^l \int_{\Gamma_j} f(z)dz$$

$$= 2\pi i \sum_{j=1}^l \mathrm{Res}\,(f\,;c_j)$$

が得られる． □

3.3 実変数関数の定積分の計算への応用

本節では，留数の原理あるいはコーシーの定理（コーシーの定理は Ω 内に極がない場合の留数の原理ともみなせる）を用いて，実変数関数の定積分を求める方法を具体例で説明する．これは，複素解析の応用としては頻繁に使われるものの一つである．

3.3.1 特異点が実軸にない有理関数

次のような具体例の計算から始める．

例 3.3

$n = 0, 1, 2, \ldots$ に対して

$$\int_{-\infty}^{\infty} \frac{1}{(1+x^2)^{n+1}}dx = \frac{\pi(2n)!}{2^{2n}(n!)^2}$$

第3章 留数による定積分の計算法

[解説] まず非積分関数を複素変数に拡張して考える．すなわち $f(z) = \dfrac{1}{(1+z^2)^{n+1}}$ とおく．$f(z) = \dfrac{1}{(z-i)^{n+1}(z+i)^{n+1}}$ より $f(z)$ は i と $-i$ に $n+1$ 位の極をもっている．$R > 1$ とし，C_R を図3-1 のようなジョルダン閉曲線とすると，これに囲まれる領域に含まれる極は i である．ゆえに留数の原理より

$$\int_{C_R} f(z)dz = 2\pi i \operatorname{Res}(f\,;i)$$

である．ここで

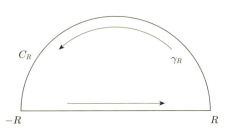

図 3．1　積分路．

$$\begin{aligned}
\operatorname{Res}(f\,;i) &= \lim_{z \to i} \frac{1}{n!} \left((z-i)^{n+1} f\right)^{(n)}(z) \\
&= \lim_{z \to i} \frac{1}{n!} \left(\frac{1}{(z+i)^{n+1}}\right)^{(n)} \\
&= \lim_{z \to i} \frac{(-1)^n}{n!} \frac{(n+1)(n+2)\cdots 2n}{(z+i)^{2n+1}} \\
&= \frac{1}{n!} \frac{(n+1)(n+2)\cdots 2n}{2^{2n+1} i} = \frac{(2n)!}{2^{2n+1} i\,(n!)^2}.
\end{aligned}$$

一方，積分の方は

$$\int_{C_R} f(z)dz = \int_{-R}^{R} \frac{1}{(1+x^2)^{n+1}} dx + \int_{\gamma_R} \frac{1}{(1+z^2)^{n+1}} dz$$

となっている．ここで，ある正の数 A と R_0 で $\left|(1+z^2)^{n+1}\right| \geq A|z|^{2(n+1)}$ （$|z| \geq R_0$）をみたすものが存在することに注意する（[1, 補題 7.1]）．ゆえに $R \geq R_0$ ならば

3.3 実変数関数の定積分の計算への応用 39

$$\left| \int_{\gamma_R} \frac{1}{(1+z^2)^{n+1}} dz \right| \le \frac{1}{A} \int_{\gamma_R} \frac{1}{|z|^{2n+2}} |dz| = A \frac{\pi R}{R^{2n+2}}$$
$$= \frac{A\pi}{R^{2n+1}} \to 0 \quad (R \to +\infty)$$

が成り立っている. ゆえに

$$2\pi i \operatorname{Res}(f\,;i) = \lim_{R \to +\infty} \int_{C_R} f(z) dz = \lim_{R \to \infty} \int_{-R}^{R} \frac{1}{(1+x^2)^{n+1}} dx$$
$$= \int_{-\infty}^{\infty} \frac{1}{(1+x^2)^{n+1}} dx.$$

である. 以上のことをまとめると

$$\int_{-\infty}^{\infty} \frac{1}{(1+x^2)^{n+1}} dx = \frac{\pi (2n)!}{2^{2n} (n!)^2}$$

が得られる. □

 ここでは簡単な有理関数について述べたが，他の類似の場合も同様の方針で計算できる. すなわち,
  ポイント 実変数の有理関数で特異点が実軸上にない場合,

   分母の多項式の次数 $\ge$ 分子の多項式の次数 $+ 2$

  であれば，この有理関数の実軸 $(-\infty, \infty)$ 上での広義積分
  は半円上の複素積分を利用して計算することができる.

問題 3.2 $\displaystyle \int_{-\infty}^{\infty} \frac{1}{(x^2+1)(x^2+4)} dx$ を求めよ.

問題 3.3 $\displaystyle \int_{-\infty}^{\infty} \frac{\cos x}{x^2+1} dx$ を求めよ.

$\left(\text{ヒント} : \dfrac{e^{iz}}{z^2+1} \text{ と図 3-1 の積分路に留数原理を適用.}\right)$

40　第3章　留数による定積分の計算法

3.3.2　三角関数を含む積分

$D(0,1)$ 上のポアソン核

$$P_r(t) = \frac{1}{2\pi}\frac{1-r^2}{1-2r\cos t + r^2}$$

について，次のことを留数の原理を用いて示す．ポアソン核について
は [1, 第 8.5 節] 参照．

例 3.4

$0 \leq r < 1$ とする．

$$\frac{1}{2\pi}\int_0^{2\pi}\frac{1-r^2}{1-2r\cos t + r^2}dt = 1.$$

[解説]　$r = 0$ の場合は明らかだから，$0 < r < 1$ の場合を示す．

$$z = e^{it} = \cos t + i\sin t$$

とおく．$|z| = 1$ であるから

$$\frac{1}{z} = \overline{z} = \cos t - i\sin t$$

となっている．したがって

$$\cos t = \frac{1}{2}\left(z + \frac{1}{z}\right),\ \sin t = \frac{1}{2i}\left(z - \frac{1}{z}\right)$$

である．$dz = ie^{it}dt$ より $dt = \frac{1}{iz}dz$ であるから[2]

---

2)　これは $z(t) = e^{it}$ としたとき，$\frac{dz}{dt} = ie^{it}$ を意味している形式的な記法．

$$\int_0^{2\pi} P_r(t)dt = \frac{1}{2\pi}\int_{C(0,1)} \frac{1-r^2}{1-r\left(z+\frac{1}{z}\right)+r^2}\frac{1}{iz}dz$$
$$= \frac{-1}{2\pi i}\int_{C(0,1)} \frac{1-r^2}{r\left(z-\frac{1}{r}\right)(z-r)}dz$$

である．ここで被積分関数を r と $\frac{1}{r}$ に極をもつ z の有理関数とみなすと，留数定理より（図 3-2 参照）

$$\int_0^{2\pi} P_r(t)dt = -\mathrm{Res}\left(\frac{1-r^2}{r\left(z-\frac{1}{r}\right)(z-r)};r\right)$$
$$= -\lim_{z\to r}\frac{1-r^2}{r\left(z-\frac{1}{r}\right)} = 1$$

を得る．ゆえに例が示された． □

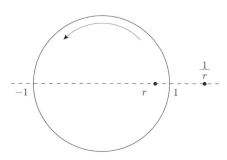

図 **3-2** 積分路．

ポイント この種の積分は，一般に次のような方針で留数の原理に持ち込むとよい．

$$\int_0^{2\pi} f(\cos t, \sin t)dt = \int_{C(0,1)} f\left(\frac{1}{2i}\left(z+\frac{1}{z}\right), \frac{1}{2}\left(z-\frac{1}{z}\right)\right)\frac{1}{iz}dz$$

42　第3章　留数による定積分の計算法

問題 3.4　次の定積分を求めよ.

$$\int_0^{2\pi} \frac{1}{3 + 2\cos t} dt.$$

3.3.3　フーリエ変換の計算

留数の原理, コーシーの定理はフーリエ変換の計算にも使われている. フーリエ変換とは次のようなものである.

実軸上の関数 $f(x)$ で, $f(x)$ と $|f(x)|$ が $\boldsymbol{R}$ 上で広義積分可能であるとき, $f(x)$ は $\boldsymbol{R}$ 上で絶対可積分であるという. このような関数に対して,

$$\widehat{f}(\xi) = \int_{-\infty}^{\infty} f(x) e^{-2\pi i x\xi} dx \quad (\xi \in \boldsymbol{R})$$

を f のフーリエ変換という. フーリエ変換は数学, 物理学, 工学, 情報数学などさまざまな分野で用いられる極めて有用な変換である.

例 3.5

$$P(x) = \frac{1}{\pi} \frac{1}{1 + x^2}$$

とする. このとき, $\xi \in \boldsymbol{R}$ に対して

$$\widehat{P}(\xi) = e^{-2\pi|\xi|}.$$

[解説]　$\widetilde{P}(z) = \dfrac{1}{\pi} \dfrac{e^{-2\pi i z\xi}}{1 + z^2}$ とおく. これは $z = -i,\, i$ を1位の極とする有理型関数である. $\xi < 0$ の場合, 図 3-1 の上半円 C_R (ただし $R > 1$ とする) 上で $\widetilde{P}(z)$ を複素積分すると,

3.3 実変数関数の定積分の計算への応用

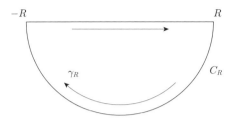

図 3-3 $\xi > 0$ の場合の積分路. 正の向きと逆の向きである.

$$\int_{C_R} \frac{1}{\pi} \frac{e^{-2\pi i z \xi}}{1+z^2} dz = 2\pi i \operatorname{Res}(\widetilde{P}; i) = 2\pi i \lim_{z \to i}(z-i)\widetilde{P}(z)$$
$$= 2i \lim_{z \to i} \frac{e^{-2\pi i z \xi}}{z+i} = e^{2\pi \xi} = e^{-2\pi|\xi|}.$$

ここで $\xi < 0$ であるから, $e^{2\pi R \xi \sin\theta} \le 1$ $(\theta \in (0, \pi))$ であることに注意すれば

$$\left|\int_{\gamma_R} \frac{e^{-2\pi i z \xi}}{1+z^2} dz\right| = \left|\int_0^\pi \frac{e^{-2\pi i (R\cos\theta + iR\sin\theta)\xi}}{1+R^2 e^{2i\theta}} iRe^{i\theta} d\theta\right|$$
$$\le \frac{R}{R^2-1} \int_0^\pi \left|e^{-2\pi i (R\cos\theta + iR\sin\theta)\xi}\right| d\theta$$
$$= \frac{R}{R^2-1} \int_0^\pi e^{2\pi R \xi \sin\theta} d\theta$$
$$\le \frac{R\pi}{R^2-1} \to 0 \ (R \to +\infty).$$

ゆえに $\widehat{P}(\xi) = e^{-2\pi|\xi|}$ である.

$\xi > 0$ の場合は, 図 3-3 のような下半円を使う (ただし $R > 1$ とする). これは正の向きとは逆の向きなので,

$$\int_{C_R} \frac{1}{\pi} \frac{e^{-2\pi i z \xi}}{1+z^2} dz = -2\pi i \operatorname{Res}(\widetilde{P}; -i) = -2\pi i \lim_{z \to -i}(z+i)\widetilde{P}(z)$$
$$= -2i \lim_{z \to -i} \frac{e^{-2\pi i z \xi}}{z-i} = e^{-2\pi \xi} = e^{-2\pi|\xi|}$$

である. $\xi > 0$ と $\sin\theta \le 0$ $(-\pi \le \theta \le 0)$ より

44 第3章 留数による定積分の計算法

$$\left| \int_{\gamma_R} \frac{e^{-2\pi i z \xi}}{1+z^2} dz \right| = \left| \int_0^{-\pi} \frac{e^{-2\pi i (R\cos\theta + iR\sin\theta)\xi}}{1+R^2 e^{2i\theta}} iR\, e^{i\theta} d\theta \right|$$

$$\leq \frac{R}{R^2-1} \left| \int_0^{-\pi} e^{2\pi R \xi \sin\theta} d\theta \right|$$

$$\leq \frac{R\pi}{R^2-1} \to 0 \ (R \to \infty).$$

ゆえに $\xi < 0$ の場合も $\widehat{P}(\xi) = e^{-2\pi|\xi|}$ である.

$\xi = 0$ の場合は単純な定積分の計算（あるいは例 3.3）により

$$\widehat{P}(0) = \frac{1}{\pi} \int_{-\infty}^{\infty} \frac{1}{1+x^2} dx = 1$$

が得られる. □

この関数 P は上半平面上のポアソン核を与えるものとして知られている（単位円板上のポアソン核については『正則関数』([1]) を参照）. $t > 0$ とし

$$P_t(x) = \frac{1}{t} P_t\left(\frac{x}{t}\right) = \frac{1}{\pi} \frac{t}{t^2+x^2}$$

とおく. これを上半平面上のポアソン核という. $\boldsymbol{R}$ 上の絶対可積分関数 f と, 上半平面上の点 $z = x + it$ ($x, t \in \boldsymbol{R},\ t > 0$) に対して

$$F(z) = \int_{-\infty}^{\infty} P_t(x-y)f(y)dy$$

と定義する. 容易に F が上半平面 $\{z \in \boldsymbol{C} : \operatorname{Im} z > 0\}$ 上で調和であることが示せる[3].

---

3) $\left(\dfrac{\partial^2}{\partial x^2} + \dfrac{\partial^2}{\partial t^2} \right) P_t(x-y) = 0$ である. 後は積分記号と微分記号の交換をチェックすればよい.

ポイント　有理関数のフーリエ変換の場合は，$\xi > 0$ の場合は下半円，$\xi < 0$ の場合は上半円を計算する方針で考えてみる.

フーリエ解析で重要なガウス関数

$$g(x) = e^{-\pi x^2} \quad (x \in \boldsymbol{R})$$

のフーリエ変換も複素積分を用いて計算できる. 扱う関数が正則関数なので留数の原理ではなく，コーシーの定理が使われるのだが，その計算を記しておこう.

例 3.6

$\widehat{g}(\xi) = g(\xi) \quad (\xi \in \boldsymbol{R})$ である.

[解説]　まず $\xi \neq 0$ の場合を考える.

$$e^{\pi \xi^2} \widehat{g}(\xi) = e^{\pi \xi^2} \int_{-\infty}^{\infty} e^{-\pi x^2} e^{-2\pi i x \xi} dx = \int_{-\infty}^{\infty} e^{-\pi (x + i\xi)^2} dx$$

であることに注意する. $R > 0$ とする. 図 3-4 のように $-R$ から実軸上を R まで向かい，そこから $R + i\xi$ を通り，次に $-R + i\xi$ を通り，$-R$ に至る長方形の周を C_R とおく（ただし図 3-4 では $\xi > 0$ の場合が記されている）.

$e^{-\pi z^2}$ は整関数であるから，コーシーの定理から

$$\int_{C_R} e^{-\pi z^2} dz = 0$$

である. したがって

$$
\begin{aligned}
0 = &\int_{-R}^{R} e^{-\pi x^2} dx + i \int_{0}^{\xi} e^{-\pi (R + it)^2} dt \\
&+ \int_{R}^{-R} e^{-\pi (x + i\xi)^2} dx + i \int_{\xi}^{0} e^{-\pi (R + it)^2} dt.
\end{aligned}
$$

図 3-4 積分経路.

これらの積分のうち

$$\left|\int_0^\xi e^{-\pi(R+it)^2}dt\right| = e^{-\pi R^2}\left|\int_0^\xi e^{-2\pi i Rt}e^{\pi t^2}dt\right| \leq e^{-\pi R^2}\int_0^\xi e^{\pi t^2}dt$$
$$\to 0 \quad (R \to +\infty).$$

である．同様に

$$\left|\int_\xi^0 e^{-\pi(R+it)^2}dt\right| \to 0 \quad (R \to +\infty)$$

も成り立つことがわかる．ゆえに

$$\lim_{R\to+\infty}\int_{-R}^{R} e^{-\pi(x+i\xi)^2}dx = \lim_{R\to+\infty}\int_{-R}^{R} e^{-\pi x^2}dx = \int_{-\infty}^{\infty} e^{-\pi x^2}dx$$
$$= 1$$

（最後の積分の計算については後述の注意 3.7 を参照）である．よって

$$e^{\pi\xi^2}\widehat{g}(\xi) = 1$$

が得られ，$\widehat{g}(\xi) = e^{-\pi\xi^2}$ が示された．$\xi = 0$ の場合は $\widehat{g}(0) = \int_{-\infty}^{\infty} e^{-\pi x^2}dx = 1$ より $\widehat{g}(0) = g(0)$ である． □

3.3 実変数関数の定積分の計算への応用 47

注意 3.7 $\int_{-\infty}^{\infty} e^{-\pi x^2} dx$ の計算を復習しておく．変数を増やし，2重積分を使うと容易に計算できる．$x = r\cos\theta,\, y = r\sin\theta$ と変数変換して，

$$\int_{-\infty}^{\infty}\int_{-\infty}^{\infty} e^{-\pi(x^2+y^2)}dxdy = \int_0^{\infty}\int_0^{2\pi} e^{-\pi r^2} rd\theta dr$$
$$= 2\pi \int_0^{\infty} e^{-\pi r^2} rdr.$$

ここで $t = r^2$ と変換すると，$dt = 2rdr$ より

$$2\pi \int_0^{\infty} e^{-\pi r^2} rdr = \pi \int_0^{\infty} e^{-\pi t}dt = \pi\frac{1}{\pi} = 1.$$

一方，

$$\int_{-\infty}^{\infty}\int_{-\infty}^{\infty} e^{-\pi(x^2+y^2)}dxdy = \int_{-\infty}^{\infty} e^{-\pi x^2}dx \int_{-\infty}^{\infty} e^{-\pi y^2}dy$$
$$= \left(\int_{-\infty}^{\infty} e^{-\pi x^2}dx\right)^2.$$

以上より

$$\int_{-\infty}^{\infty} e^{-\pi x^2}dx = 1.$$

3.3.4 x^α を含む積分

例 3.8

$-1 < \alpha < 1,\, \alpha \neq 0$ とする．このとき，

$$\int_0^{\infty} \frac{x^\alpha}{(x+1)(x+2)}dx = \frac{\pi(2^\alpha - 1)}{\sin\pi\alpha}.$$

48　第 3 章　留数による定積分の計算法

[解説]　この計算のために少し準備をしておく.

$f(z) = z$ は $\boldsymbol{C} \smallsetminus [0, +\infty)$ 上に零点をもたない正則関数である. $\log z$ を $\boldsymbol{C} \smallsetminus [0, +\infty)$ 上で定義された $f(z)$ の対数関数の一つの分枝とする（[1, 8.2 節] 参照. なお [1, 8.3 節] では $\boldsymbol{C} \smallsetminus (-\infty, 0]$ 上の対数関数を扱っている）. ただし分枝は, $x > 0$ に対して

$$\lim_{y > 0,\, y \to 0} \log(x + iy) = \log_{\boldsymbol{R}} x,$$

$$\lim_{y > 0,\, y \to 0} \log(x - iy) = \log_{\boldsymbol{R}} x + 2\pi i$$

（$\log_{\boldsymbol{R}} x$ は実変数の対数関数）となるようにとる. z^α をこれに対する分枝, すなわち

$$z^\alpha = \exp(\alpha \log z) \quad (z \in \boldsymbol{C} \smallsetminus [0, +\infty))$$

とする. これは $\boldsymbol{C} \smallsetminus [0, +\infty)$ 上の正則関数である. また

$$\lim_{y > 0,\, y \to 0} (x + iy)^\alpha = \exp(\alpha \log_{\boldsymbol{R}} x) = x^\alpha,$$

$$\lim_{y > 0,\, y \to 0} (x - iy)^\alpha = \exp(\alpha \log_{\boldsymbol{R}} x + 2\pi \alpha i) = e^{2\pi \alpha i} x^\alpha$$

となっている.

後で必要なので, $x > 0$ のときの $(-x)^\alpha$ の値も計算しておく.

$$(-x)^\alpha = \exp(\alpha \log(-x)) = \exp(\alpha(\log_{\boldsymbol{R}} x + i\pi))$$

$$= x^\alpha e^{i\pi\alpha}.$$

$0 < r_1 < r_2$ とする. 十分小さな $\varepsilon > 0$ に対して

3.3 実変数関数の定積分の計算への応用   49

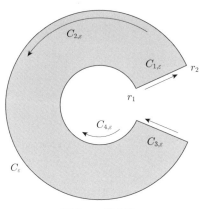

図 3-5　積分路．

$$C_{1,\varepsilon}: re^{i\varepsilon},\ r \in [r_1, r_2],$$
$$C_{2,\varepsilon} = r_2 e^{i\theta},\ \theta \in [\varepsilon, 2\pi - \varepsilon],$$
$$C_{3,\varepsilon}: (r_1 + r_2 - r)\, e^{i(2\pi - \varepsilon)},\ r \in [r_1, r_2],$$
$$C_{4,\varepsilon}: r_1 e^{i(2\pi - \theta)},\ \theta \in [\varepsilon, 2\pi - \varepsilon]$$

とし，これらの路を順に接続した曲線を C_ε とする（図 3-5）．いま，

$$g(z) = \frac{z^\alpha}{(z+1)(z+2)}$$

とおく．C_ε で囲まれる有界領域を D_ε とすると，$D_\varepsilon \cup C_\varepsilon \subset \boldsymbol{C} \smallsetminus [0, +\infty)$ であるから，$0 < r_1 < 1,\ 2 < r_2$ とすれば $g(z)$ は $D_\varepsilon \cup C_\varepsilon$ を含むある開集合上で有理型で，-1 と -2 に 1 位の極をもつ．したがって，留数の原理から

$$\int_{C_\varepsilon} g(z) dz = 2\pi i \left(\mathrm{Res}\,(g\,;-1) + \mathrm{Res}\,(g\,;-2) \right)$$
$$= 2\pi i \left(e^{i\pi\alpha} - 2^\alpha e^{i\pi\alpha} \right)$$

である．$\varepsilon \to 0$ とすると，z^α の分枝のとり方から

50 第3章 留数による定積分の計算法

$$\int_{C_{1,\varepsilon}} g(z)dz \to \int_{r_1}^{r_2} \frac{x^\alpha}{(x+1)(x+2)}dx,$$

$$\int_{C_{3,\varepsilon}} g(z)dz \to -\int_{r_1}^{r_2} \frac{e^{2\pi\alpha i}x^\alpha}{(x+1)(x+2)}dx$$

である. また, $r_2 \to +\infty$ とすると

$$\left|\int_{C_{2,\varepsilon}} g(z)dz\right| \leq \int_\varepsilon^{2\pi-\varepsilon} \left|\frac{\exp(\alpha\log r_2 e^{it})}{(r_2 e^{it}+1)(r_2 e^{it}+2)}\right| r_2 dt$$

$$= \int_\varepsilon^{2\pi-\varepsilon} \left|\frac{r_2^\alpha e^{i\alpha t}}{(r_2 e^{it}+1)(r_2 e^{it}+2)}\right| r_2 dt$$

$$\leq Ar_2^{\alpha-1} \to 0$$

(ただし A は ε には依存しない正の定数) であり, r_1 を十分小さくとり,

$$\left|\int_{C_{4,\varepsilon}} g(z)dz\right| \leq \int_\varepsilon^{2\pi-\varepsilon} \left|\frac{\exp(\alpha\log r_1 e^{it})}{(r_1 e^{it}+1)(r_1 e^{it}+2)}r_1\right| dt$$

$$= \int_\varepsilon^{2\pi-\varepsilon} \left|\frac{r_1^\alpha e^{i\alpha t}}{(r_1 e^{it}+1)(r_1 e^{it}+2)}\right| r_1 dt$$

$$\leq 2\pi r_1^{\alpha+1} \to 0 \quad (r_1 \to 0)$$

である. したがって,

$$(1-e^{2\pi\alpha i})\int_0^\infty \frac{x^\alpha}{(x+1)(x+2)}dx = 2\pi i\left(e^{i\pi\alpha}-2^\alpha e^{i\pi\alpha}\right).$$

ゆえに

$$\int_0^\infty \frac{x^\alpha}{(x+1)(x+2)}dx = \frac{2\pi i}{1-e^{2\pi\alpha i}}\left(e^{i\pi\alpha}-2^\alpha e^{i\pi\alpha}\right)$$

$$= \frac{2\pi i}{e^{-\pi\alpha i}-e^{\pi\alpha i}}\left(1-2^\alpha\right)$$

$$= \frac{\pi\left(2^\alpha-1\right)}{\sin\pi\alpha}. \qquad \square$$

ポイント この方法は，$[0, \infty)$ に極をもたないような，より一般の有理関数 $\dfrac{P(x)}{Q(x)}$ と x^α の積に対して適用できる（ただし多項式 P と Q は既約）．積分の収束を保証するために

$$-1 < \alpha < \deg Q - \deg P - 1$$

を仮定する．実際，この条件があれば，$\dfrac{P(x)}{Q(x)}$ が 0 の十分小さな近傍では有界であることと合わせて

$$\int_0^\infty \left| x^\alpha \frac{P(x)}{Q(x)} \right| dx < +\infty$$

であることは容易にわかる．$c_1, \ldots, c_\nu$ を $\dfrac{P(x)}{Q(x)}$ の極とする．このとき，上と同様の計算により

$$\int_0^\infty x^\alpha \frac{P(x)}{Q(x)} dx = \frac{2\pi i}{1 - e^{2\pi\alpha i}} \sum_{j=1}^\nu \operatorname{Res}\left(z^\alpha \frac{P}{Q} ; c_j \right)$$

が成り立っている．

注意 3.9 ここでは α を実数としているが，α は複素数でもよい．その場合の α に関する条件は

$$-1 < \operatorname{Re}\alpha < \deg Q - \deg P - 1$$

である．計算は α が実数の場合と同様である．

問題 3.5 $-1 < a < 1$ とする．積分

$$\int_0^\infty \frac{x^a}{(1+x)^2} dx$$

を求めよ．

52 第 3 章 留数による定積分の計算法

（ヒント：z を $\boldsymbol{C} \smallsetminus [0, +\infty)$ 上の正則関数とみなして，z^a の分枝をとり，その切り込み線を含む図 3-5 のような積分路で計算し，$r_2 \to \infty$, $r_1 \to 0$ とする）．

3.3.5 特異点が実軸にある場合：コーシーの主値積分

これまでの例は，積分する関数の極が実軸上の積分範囲内にない場合を考えた．極が実軸上にある場合を考える．まず次の補題を示す．

補題 3.10

$f(z)$ を有理型関数で，$z = c$ で 1 位の極をもっているとする．$0 \le \theta_1 < \theta_2 < 2\pi$ とする．$r > 0$ に対して，

$$C_r : c + re^{i\theta}, \ \theta \subset [\theta_1, \theta_2]$$

とする（向きは反時計回りである）．このとき，

$$\lim_{r \to 0} \int_{C_r} f(z)dz = i(\theta_2 - \theta_1)\mathrm{Res}\,(f\,;c)$$

[証明] $z = c$ の十分小さな近傍 $A(c\,;0, r_0)$ でローラン級数展開をして

$$f(z) = \frac{a_{-1}}{z - c} + h(z)$$

を得る．ただしここで，$h(z)$ は $D(c, r_0)$ 上の正則関数である．$0 < r_1 < r_0$ をとる．$|h(z)|$ の $\Delta(c, r_1)$ での最大値を M とする．$r \to 0$ のとき，

$$\left| \int_{C_r} h(z)dz \right| \le M \int_{C_r} |dz| = (\theta_2 - \theta_1)rM \to 0$$

である．また

$$\int_{C_r} \frac{a_{-1}}{z-c} dz = a_{-1} \int_{\theta_1}^{\theta_2} \frac{1}{re^{i\theta}} ire^{i\theta} d\theta = ia_{-1}(\theta_2 - \theta_1)$$

$$= i(\theta_2 - \theta_1) \operatorname{Res}(f\,;c).$$

以上より補題が証明された． □

例 3.11

次のコーシーの主値積分

$$\text{P.V.} \int_{-\infty}^{\infty} \frac{e^{ix}}{x} dx = \lim_{\substack{R \to +\infty, \\ \varepsilon > 0,\, \varepsilon \to 0}} \left(\int_{-R}^{-\varepsilon} \frac{e^{ix}}{x} dx + \int_{\varepsilon}^{R} \frac{e^{ix}}{x} dx \right)$$

を考える．このとき

$$\text{P.V.} \int_{-\infty}^{\infty} \frac{e^{ix}}{x} dx = i\pi$$

である．

[解説] $f(z) = \dfrac{e^{iz}}{z}$ とおく．これを図 3-6 の閉曲線 C_R に沿って複素積分する．C_R で囲まれる領域上で $f(z)$ は正則であるから，コーシーの定理より

$$\int_{C_R} f(z) dz = 0$$

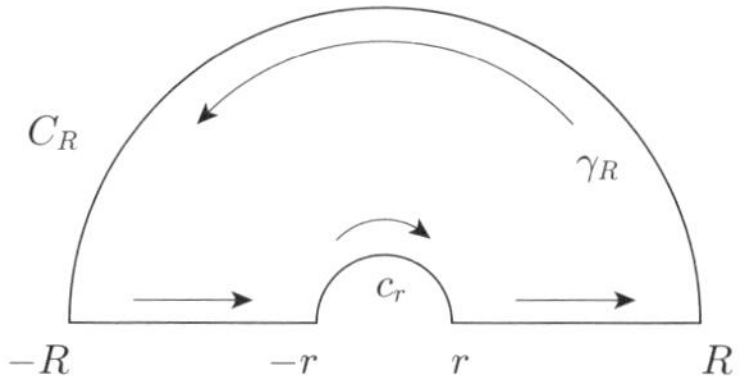

図 3-6　積分路．

54 第3章 留数による定積分の計算法

である．また

$$\left| \int_{\gamma_R} f(z) dz \right| = \left| \int_0^\pi \frac{e^{iR(\cos\theta + i\sin\theta)}}{R\,e^{i\theta}} iR\,e^{i\theta} d\theta \right| \leq \int_0^\pi e^{-R\sin\theta} d\theta$$
$$\to 0 \ (R \to +\infty, \ \text{問題 3.6})$$

$A(0\,;0,R)$ 上では

$$f(z) = \frac{1}{z} \sum_{n=0}^\infty \frac{i^n z^n}{n!} = \frac{1}{z} + \sum_{n=0}^\infty \frac{i^{n+1} z^n}{(n+1)!}$$

より f は 0 で 1 位の極をもち，$\mathrm{Res}\,(f\,;0) = 1$ である．補題 3.10 より，

$$\lim_{r \to 0} \int_{c_r} f(z) dz = -i\pi \mathrm{Res}\,(f\,;0) = -i\pi$$

（曲線の向きが補題とは逆になっていることに注意）．以上より，

$$\lim_{R \to +\infty, \ \varepsilon \to 0} \left(\int_{-R}^{-\varepsilon} \frac{e^{ix}}{x} dx + \int_\varepsilon^R \frac{e^{ix}}{x} dx \right) = i\pi. \qquad \square$$

問題 3.6

$$\lim_{R \to +\infty} \int_0^\pi e^{-R\sin\theta} d\theta = 0$$

を証明せよ．

例 3.12

上記の例より次の広義積分の値が容易に得られる．

$$\int_0^\infty \frac{\sin x}{x} dx = \frac{\pi}{2}.$$

3.3 実変数関数の定積分の計算への応用　　55

[解説] $e^{ix} = \cos x + i \sin x$ であるが，$\dfrac{\cos x}{x}$, $\dfrac{\sin x}{x}$ はそれぞれ奇関数，偶関数であるから，

$$\int_{-R}^{-\varepsilon} \frac{\cos x}{x} dx + \int_{\varepsilon}^{R} \frac{\cos x}{x} dx = 0,$$

$$\int_{-R}^{-\varepsilon} \frac{\sin x}{x} dx = \int_{\varepsilon}^{R} \frac{\sin x}{x} dx$$

である．このことから容易に計算される．　　　　　　　　　□

問題 3.7

$$\mathrm{P.V.}\int_{-\infty}^{\infty} \frac{\sin x}{x-1} dx = \lim_{\substack{R \to +\infty, \\ \varepsilon > 0,\, \varepsilon \to 0}} \left(\int_{-R}^{1-\varepsilon} \frac{\sin x}{x-1} dx + \int_{1+\varepsilon}^{R} \frac{\sin x}{x-1} dx \right)$$

を求めよ．

3.3.6　その他

例 3.13　フレネル積分

$$\int_0^{\infty} \sin x^2 dx = \int_0^{\infty} \cos x^2 dx = \frac{\pi}{2\sqrt{2}}$$

[解説]　$f(z) = e^{-z^2}$ は整関数である．図 3-7 のような曲線に沿って複素積分すると，コーシーの定理から

$$\int_0^R e^{-x^2} dx + \int_0^{\pi/4} e^{-R^2 e^{2i\theta}} iR\, e^{i\theta} d\theta + \int_R^0 e^{-r^2 e^{i\pi/2}} e^{i\pi/4} dr = 0$$

である．

$$\left| \int_0^{\pi/4} e^{-R^2 e^{2i\theta}} iR\, e^{i\theta} d\theta \right| \leq R \int_0^{\pi/4} e^{-R^2 \cos 2\theta} d\theta \ (= (I) \text{ とおく}).$$

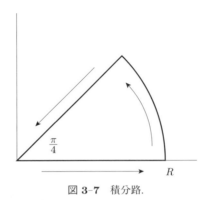

図 3-7 積分路.

ここで $s = \dfrac{\pi}{2} - 2\theta$ なる変換をすれば，$\cos 2\theta = \cos\left(\dfrac{\pi}{2} - s\right) = \sin s$ 及び，$\sin s \geq \dfrac{2s}{\pi} \geq \dfrac{s}{2}$ $\left(0 \leq s \leq \dfrac{\pi}{2}\right)$ より

$$(I) = \frac{R}{2}\int_0^{\pi/2} e^{-R^2 \sin s} ds \leq \frac{R}{2}\int_0^{\pi/2} e^{-R^2 s/2} ds$$
$$= \frac{1}{R}\left(1 - e^{-R^2 \pi/4}\right) \to 0 \ (R \to +\infty).$$

また

$$\int_0^\infty e^{-x^2} dx = \frac{\sqrt{\pi}}{2}$$

であり（注意 3.7 より容易），

$$\int_R^0 e^{-r^2 e^{i\pi/2}} e^{i\pi/4} dr = e^{i\pi/4}\int_R^0 e^{-ir^2} dr$$
$$= e^{i\pi/4}\int_R^0 (\cos r^2 - i\sin r^2) dr$$

である．以上より

$$\int_0^\infty (\cos r^2 - i\sin r^2) dr = \frac{\sqrt{\pi}}{2} e^{-i\pi/4} = \frac{\sqrt{\pi}}{2\sqrt{2}} - i\frac{\sqrt{\pi}}{2\sqrt{2}}.$$

両辺の実部と虚部を比較すればよい． □

第 **4** 章

有理型関数に関する いくつかの定理

　本章では有理型関数の関数論的な性質を学ぶ．特に，部分分数展開，ミッターク・レフラーの定理，偏角の原理，イェンセンの定理，ネヴァンリンナの定理などについて解説する．これらは複素解析の深い研究に使われているものである．

58　第 4 章　有理型関数に関するいくつかの定理

4.1　部分分数展開

$\Omega \subset \boldsymbol{C}$ を領域とし，$f(z)$ を Ω 上の有理型関数とする．$c \in \Omega$ が $f(z)$ の k 位の極であるとき，$z = c$ でのローラン展開を

$$f(z) = \frac{a_{-k}}{(z-c)^k} + \cdots + \frac{a_{-1}}{z-c} + \sum_{n=0}^{\infty} a_n(z-c)^n$$

とする．このとき，

$$H\left(\frac{1}{z-c}\right) = \frac{a_{-k}}{(z-c)^k} + \cdots + \frac{a_{-1}}{z-c}$$

は $f(z)$ の c における主要部である[1]．明らかに，

$$f(z) - H\left(\frac{1}{z-c}\right)$$

は c を含む十分小さな開円板上で正則になっている．

　主要部を使って，有理関数の部分分数展開をすることができる．

定理 4.1 **有理関数の部分分数展開**

$f(z)$ を有理関数とし，$f(z)$ の分母と分子を因数分解して，共通因数を約したものを

$$f(z) = \frac{(z-\alpha_1)^{n_1} \cdots (z-\alpha_j)^{n_j}}{(z-\beta_1)^{m_1} \cdots (z-\beta_k)^{m_k}}$$

とする．ただし $\beta_1, \ldots, \beta_k$ は相異なる複素数とする．

---

[1]　混乱を避けるためには，$H_c\left(\dfrac{1}{z-c}\right)$ などと記すべきであろうが，記号を簡素化するために $H\left(\dfrac{1}{z-c}\right)$ と記す．

$$N = \max\left\{\sum_{l=1}^{j} n_l - \sum_{l=1}^{k} m_l, 0\right\}$$

とおく．このとき，$f(z)$ は主要部と N 次多項式 $P(z)$ により

$$f(z) = \sum_{l=0}^{k} H\left(\frac{1}{z-\beta_l}\right) + P(z)$$

と表せる．

[証明] $P(z) = f(z) - \sum_{l=0}^{k} H\left(\frac{1}{z-\beta_l}\right)$ とおくと，$P(z)$ は整関数である．ある正の定数 M, M' と R が存在し，

$$M|z|^N \leq |P(z)| \leq M'|z|^N \quad (|z| \geq R) \qquad (4.1)$$

となることを証明する．これが示せれば，定理 1.12（リュービルの定理）より $P(z)$ が N 次の多項式であることがわかる．$f(z)$ の分子の多項式を $p(z)$，分母の多項式を $q(z)$ とする．$N_1 = \sum_{l=1}^{j} n_l$, $N_2 = \sum_{l=1}^{k} m_l$ とおく．このとき，ある正定数 $A_1, A_1', A_2, A_2', R_1, R_2$ が存在し，

$$A_1|z|^{N_1} \leq |p(z)| \leq A_1'|z|^{N_1} \quad (|z| \geq R_1),$$
$$A_2|z|^{N_2} \leq |q(z)| \leq A_2'|z|^{N_2} \quad (|z| \geq R_2)$$

が成り立つ（[1, 補題 7.1] 参照）．$R = \max\{R_1, R_2\}$ とおく．上の不等式から

$$\frac{A_1}{A_2'}|z|^{N_1-N_2} \leq |f(z)| \leq \frac{A_1'}{A_2}|z|^{N_1-N_2} \quad (|z| \geq R) \qquad (4.2)$$

となっている．必要なら R をさらに大きくとり，$R > \max_l |\beta_l| + 1$ とすると

$$\left| H\left(\frac{1}{z - \beta_l}\right)\right| \le A_l \quad (|z| \ge R) \tag{4.3}$$

なる正の実数 A_l が存在する. $N > 0$ ならば $N_1 - N_2 = N$ であるから, (4.2), (4.3) より, 必要ならさらに R を大きくとれば (4.1) が成り立つ. $N = 0$ の場合は, $N_1 - N_2 \le 0$ であるから, $|z| \ge R$ に対して

$$|P(z)| \le |f(z)| + \sum_{l=1}^{k}\left| H\left(\frac{1}{z - \beta_l}\right)\right| \le \frac{A_1'}{A_2} + \sum_{l=1}^{k} A_l.$$

ゆえに定理 1.12 から $P(z)$ は定数である. □

[例 4.2]

$$\frac{1}{z(z+1)\cdots(z+n)} = \sum_{k=0}^{n} \frac{(-1)^k}{k!(n-k)!} \frac{1}{z+k}.$$

[解説] 左辺の関数を $f(z)$ とおく. $f(z)$ は $z = 0, -1, \ldots, -n$ で 1 位の極をもつ.

$$\mathrm{Res}\,(f\,;-k)$$
$$= \lim_{z \to -k}(z + k)f(z)$$
$$= \frac{1}{(-k)(-k+1)\cdots(-k+k-1)(-k+k+1)\cdots(-k+n)}$$
$$= \frac{(-1)^k}{k!(n-k)!}$$

であるから,

$$H\left(\frac{1}{z+k}\right) = \frac{(-1)^k}{k!(n-k)!} \frac{1}{z+k}$$

である. 定理 4.1 より $P(z) = f(z) - \sum_{k=0}^{n} H\left(\frac{1}{z+k}\right)$ は 0 次の多項式

（すなわち定数）である．$f(1) = \dfrac{1}{(n+1)!}$ であり，

$$
\begin{aligned}
&\sum_{k=0}^{n} H\left(\frac{1}{1+k}\right) \\
&= \sum_{k=0}^{n} \frac{(-1)^k}{k!(n-k)!} \frac{1}{1+k} = \frac{1}{(n+1)!} \sum_{k=0}^{n} \frac{(-1)^k (n+1)!}{(k+1)!(n-k)!} \\
&= \frac{-1}{(n+1)!} \sum_{k'=1}^{n+1} \frac{(-1)^{k'} (n+1)!}{k'!(n+1-k')!} \quad (k' = k+1 \text{ としている}) \\
&= \frac{-1}{(n+1)!} \left(\sum_{k'=0}^{n+1} \frac{(-1)^{k'} (n+1)!}{k'!(n+1-k')!} - 1 \right) \\
&= \frac{-1}{(n+1)!} \left((1-1)^{n+1} - 1 \right) = \frac{1}{(n+1)!}.
\end{aligned}
$$

ゆえに $P(1) = 0$ であるから，$P = 0$ である． $\qquad\square$

次に有理関数とは限らない有理型関数の部分分数展開について述べる．まず次の定理（[20, 定理 VII. 21] 参照）を示す．

定理 4.3

$f(z)$ を $\mathbf{C}$ 上の有理型関数で，その極が $\alpha_1, \alpha_2, \ldots$ であり，いずれも 0 ではなく，その主要部が

$$
H\left(\frac{1}{z - \alpha_n}\right) = \frac{c_n}{z - \alpha_n}
$$

であると仮定する（すなわち α_n は 1 位の極で留数が c_n）．さらに区分的に C^1 級のジョルダン閉曲線 $C_1, C_2, \ldots$ で，次の条件をみたすものがとれると仮定する．

(i) C_n で囲まれる有界領域 D_n が，$0 \in D_1 \subset D_2 \subset \cdots$ をみたす．

(ii) 原点 0 から C_n への最短距離を d_n とすると，$d_n \to +\infty$ $(n \to \infty)$，

62   第 4 章 有理型関数に関するいくつかの定理

(iii) ある正定数 A が存在し，$l(C_n)$ を C_n の長さとするとき
$$l(C_n) \le A d_n \ (n = 1, 2, \ldots),$$

(iv) C_n 上に f の極はなく，M_n を $|f(z)|$ の C_n 上での最大値とすると，
$$\lim_{n \to \infty} \frac{M_n}{d_n} = 0.$$

このとき，

$$f(z) = f(0) + \sum_{k=1}^{\infty} c_k \left(\frac{1}{z - \alpha_k} + \frac{1}{\alpha_k} \right)$$

が成り立つ．

[証明] $z \in \boldsymbol{C} \smallsetminus \{\alpha_n\}_{n=1,2,\ldots}$ を任意にとり固定する．
$$F(\zeta) = \frac{z f(\zeta)}{\zeta(\zeta - z)} \ (\zeta \in \boldsymbol{C})$$

とおく．十分大きな n_0 に対して $z \in D_{n_0}$ である．$n \ge n_0$ とし，f の D_n 内の極を $\alpha_1, \ldots, \alpha_N$ とする．このとき，$F(\zeta)$ の D_n 内の極は $\alpha_1, \ldots, \alpha_N$，及び高々 $0, z$ であり，そこでの留数はそれぞれ

$$\frac{z c_k}{\alpha_k(\alpha_k - z)} \ (k = 1, \ldots, N) \, , \ -f(0), \ f(z)$$

である．ゆえに留数の原理から

$$\frac{1}{2\pi i} \int_{C_n} F(\zeta) d\zeta = -f(0) + f(z) + \sum_{k=1}^{N} \frac{z c_k}{\alpha_k(\alpha_k - z)}$$
$$= -f(0) + f(z) - \sum_{k=1}^{N} c_k \left(\frac{1}{z - \alpha_k} + \frac{1}{\alpha_k} \right)$$

である．一方

$$\left| \int_{C_n} F(\zeta) d\zeta \right| \le \int_{C_n} \frac{|z| \, |f(\zeta)|}{|\zeta| \, (|\zeta| - |z|)} \, |d\zeta| \le \frac{|z| \, M_n l(C_n)}{d_n (d_n - |z|)}$$

$$\le A \frac{M_n}{d_n} \frac{|z|}{1 - |z| / d_n} \to 0 \ (n \to \infty)$$

であるから，定理が得られる． □

　具体的な有理関数ではない有理型関数にこの定理を適用してみよう．

$$\cot \pi z = \frac{\cos \pi z}{\sin \pi z}$$

とする．$\sin \pi z$ の零点は整数点である（問題 4.1）．$(\sin \pi z)' = \pi \cos \pi z$ より，整数点での複素微分係数の値は 0 ではない．ゆえに整数点は $\sin \pi z$ の 1 位の零点である．以上のことから，$\cot \pi z$ は整数点を 1 位の極にもつような $\boldsymbol{C}$ 上の有理型関数であることがわかる．また，

$$\lim_{z \to 0} z \cot \pi z = \frac{1}{\pi} \lim_{z \to 0} \frac{\pi z}{\sin \pi z} \cos \pi z = \frac{1}{\pi}$$

より $\cot \pi z$ の 0 における主要部は $H\left(\dfrac{1}{z}\right) = \dfrac{1}{\pi z}$ である．

$$\cot \pi (z + 1) = \cot \pi z \tag{4.4}$$

（問題 4.2）より $\cot \pi z$ の整数点 n における主要部は $H\left(\dfrac{1}{z - n}\right)$ $= \dfrac{1}{\pi(z - n)}$ である．

　以上の準備をもとに，次の定理を証明する．

64 第 4 章 有理型関数に関するいくつかの定理

定理 4.4

$z \in \boldsymbol{C} \smallsetminus \boldsymbol{Z}$ に対して,

$$\pi \cot \pi z = \lim_{N \to \infty} \sum_{n=-N}^{N} \frac{1}{z+n} = \frac{1}{z} + \sum_{n=1}^{\infty} \frac{2z}{z^2 - n^2}. \quad (4.5)$$

[証明] 中心が 0 で, 一辺の長さが $2n-1$ の正方形（各辺は虚軸か実軸に平行）の周を C_n とする（$n = 1, 2, \ldots$）. これが定理 4.3 の条件 (i), (ii), (iii) をみたすことは明らか. $g(z) = \cot \pi z - \dfrac{1}{\pi z}$ $(z \neq 0)$, $g(0) = 0$ とおくと, g は原点以外の整数点が 1 位の極の有理型関数である. したがって, g は $|\mathrm{Re}\, z| \leq \dfrac{1}{2}$, $|\mathrm{Im}\, z| \leq 1$ では有界である. 次に, g は $|\mathrm{Re}\, z| \leq \dfrac{1}{2}$, $|\mathrm{Im}\, z| > 1$ で有界であることを示す. $z = x + iy$ $(x, y \in \boldsymbol{R})$ とおく. このとき,

$$\begin{aligned}
\cot \pi z &= i \frac{e^{i\pi z} + e^{-i\pi z}}{e^{i\pi z} - e^{-i\pi z}} = i \frac{e^{i\pi x}e^{-\pi y} + e^{-i\pi x}e^{\pi y}}{e^{i\pi x}e^{-\pi y} - e^{-i\pi x}e^{\pi y}} \\
&= i \frac{e^{2i\pi x}e^{-2\pi y} + 1}{e^{2i\pi x}e^{-2\pi y} - 1} \\
&= i \frac{1 + e^{-2i\pi x}e^{2\pi y}}{1 - e^{-2i\pi x}e^{2\pi y}}.
\end{aligned}$$

したがって, $|x| \leq \dfrac{1}{2}$, $y > 1$ の場合

$$|\cot \pi z| = \left| \frac{e^{2\pi i x}e^{-2\pi y} + 1}{e^{2\pi i x}e^{-2\pi y} - 1} \right| < \frac{1 + e^{-2\pi}}{1 - e^{-2\pi}}$$

である. また $|x| \leq \dfrac{1}{2}$, $y < -1$ の場合は

$$|\cot \pi z| = \left| \frac{1 + e^{-2\pi i x}e^{2\pi y}}{1 - e^{-2\pi i x}e^{2\pi y}} \right| < \frac{1 + e^{-2\pi}}{1 - e^{-2\pi}}$$

である. $\dfrac{1}{\pi z}$ は 0 の近傍を除いたところで有界であるから, $g(z)$ は $|\mathrm{Re}\, z| \leq \dfrac{1}{2}$, $|\mathrm{Im}\, z| > 1$ の範囲において有界であることがわかる. 以上のことをまとめると, ある正数 M で $|g(z)| \leq M$ $\left(|\mathrm{Re}\, z| \leq \dfrac{1}{2} \right)$ を

みたすものが存在する．$\cot \pi(z + 1) = \cot \pi z$ であり，$\dfrac{1}{\pi z}$ は原点の近傍を除いたところでは有界であるから，ある正数 M' で

$$|g(z)| \leq M' < +\infty \ (z \in C_n, \ n = 1, 2, \ldots)$$

をみたすものが存在する（C_n は整数点の十分小さな近傍より一定距離離れている）．ゆえに C_n は $g(z)$ に対して条件 (iv) をみたす．ゆえに $g(z)$ に定理 4.3 が適用でき，

$$\cot \pi z - \frac{1}{\pi z} = g(z) = \lim_{N \to \infty} \sum_{\substack{n=-N \\ n \neq 0}}^{N} \frac{1}{\pi} \left(\frac{1}{z - n} + \frac{1}{n} \right)$$

$$= \frac{1}{\pi} \sum_{n=1}^{\infty} \frac{2z}{z^2 - n^2}$$

を得る． $\qquad\qquad\qquad\qquad\qquad\qquad\qquad\qquad\qquad\qquad\qquad\square$

問題 4.1 $\sin \pi z$ の零点は整数点であることを示せ．

問題 4.2 (4.4) を示せ．

問題 4.3 次を示せ．

$$\frac{\pi}{\sin \pi z} = \frac{1}{z} + \lim_{N \to \infty} \sum_{\substack{n=-N \\ n \neq 0}}^{N} (-1)^n \left(\frac{1}{z - n} + \frac{1}{n} \right),$$

$$\frac{\pi}{\cos \pi z} = \pi + \lim_{N \to \infty} \sum_{n=-N}^{N} (-1)^n \left(\frac{1}{z - (2n-1)/2} + \frac{1}{(2n-1)/2} \right),$$

$$\pi \tan \pi z = - \lim_{N \to \infty} \sum_{n=-N}^{N} \left(\frac{1}{z - (2n-1)/2} + \frac{1}{(2n-1)/2} \right),$$

$$\frac{\pi^2}{\sin^2(\pi z)} = \sum_{n=-\infty}^{\infty} \frac{1}{(z - n)^2}.$$

66　第 4 章　有理型関数に関するいくつかの定理

4.2　ミッターク・レフラーの定理

有理型関数が与えられれば，それにともなって主要部が求められる．逆に与えられた主要部をもつような有理型関数が存在するだろうか．これに肯定的に答えたのが次のミッターク・レフラーの定理である．

定理 4.5

$\{\alpha_n\}_{n=0}^{\infty}$ を $\boldsymbol{C}$ の相異なる点の列で，$0 < |\alpha_1| \leq |\alpha_2| \leq \cdots \to +\infty$ をみたすものとする．このとき，各 α_n において与えられた主要部 $H\left(\dfrac{1}{z - \alpha_n}\right) = \displaystyle\sum_{j=1}^{k_n} \dfrac{a_{n,j}}{(z - \alpha_n)^j}$ （ただし，$k_n \in \boldsymbol{N}, a_{n,j} \in \boldsymbol{C}$）をもつような $\boldsymbol{C}$ 上の有理型関数 $f(z)$ が存在する．

[証明]　$|z| < |\alpha_n|$ のとき，

$$H\left(\frac{1}{z - \alpha_n}\right) = \sum_{k=0}^{\infty} c_{n,k} z^k$$

とべき級数で表せる．これは $D(0, |\alpha_n|)$ で広義一様収束しているから，$\Delta\left(0, \dfrac{|\alpha_n|}{2}\right)$ では，十分大きな番号 N_n を選んで，

$$\left| H\left(\frac{1}{z - \alpha_n}\right) - \sum_{k=0}^{N_n} c_{n,k} z^k \right| < \frac{1}{2^n}$$

とできる．そこで $F_n(z) = \displaystyle\sum_{k=0}^{N_n} c_{n,k} z^k$ とおく．

任意に $R > 0$ をとる．仮定より十分大きな N に対して，$2R \leq |\alpha_N|$ である．$z \in \Delta(0, R)$ ならば，$z \in \Delta\left(0, \dfrac{|\alpha_m|}{2}\right)$ $(m \geq N)$ で

あるから，$m \geq N$ に対して，

$$\left| H\left(\frac{1}{z - \alpha_m}\right) - F_n(z) \right| < \frac{1}{2^m} \quad (z \in \Delta(0, R)).$$

したがって，

$$\sum_{n=N}^{\infty} \left(H\left(\frac{1}{z - \alpha_n}\right) - F_n(z) \right)$$

は $\Delta(0, R)$ で一様収束し，したがって $D(0, R)$ 上で正則になっている．そこで，$\Delta(0, R)$ 上で

$$f(z) = \sum_{n=1}^{\infty} \left(H\left(\frac{1}{z - \alpha_n}\right) - F_n(z) \right)$$

とおくと，

$$f(z) = \sum_{n=1}^{N-1} H\left(\frac{1}{z - \alpha_n}\right) - \sum_{n=1}^{N-1} F_n(z) \\ + \sum_{n=N}^{\infty} \left(H\left(\frac{1}{z - \alpha_n}\right) - F_n(z) \right)$$

より，f は $|\alpha_n| < R$ なる n については $H\left(\dfrac{1}{z - \alpha_n}\right)$ を主要部にもつ $D(0, R)$ 上の有理型関数になっている．R は任意の正数であるから，$f(z)$ が求める条件をみたす関数であることがわかる． $\square$

　本書では証明を省くが，ミッターク・レフラーの定理は領域上でも成り立つ．Ω を $\boldsymbol{C}$ 内の領域で，$\Omega \subsetneqq \boldsymbol{C}$ とする．$\{c_n\}_{n=1}^{\infty}$ を Ω の相異なる点の列で，その極限点 $\lim\limits_{n \to \infty} c_n = c$ が境界 $b\Omega$ 上に存在するものとする．このとき，各 c_n で与えられた主要部 $H\left(\dfrac{1}{z - c_n}\right)$ をもつような Ω 上の有理型関数 $f(z)$ の存在が知られている．

68 第4章 有理型関数に関するいくつかの定理

4.3 偏角の原理とその応用

有理型関数の極と零点に関しては，いろいろと興味深い結果が知られている．本節と次節では，そのいくつかを紹介する．

次の定理は偏角の原理と呼ばれるものである．

定理 4.6 **偏角の原理**

Ω を $\boldsymbol{C}$ 内の一つの区分的に C^1 級のジョルダン閉曲線 C で囲まれる有界領域とし，C は正に向きづけられているものとする．f を $\Omega \cup C$ を含むある開集合上の有理型関数で，C 上には極も零点もないとする．Ω 内の f の零点の個数を N，Ω 内の f の極の個数を P とする．ただし，k 位の零点あるいは極は k 個と数える．このとき

$$\frac{1}{2\pi i} \int_C \frac{f'(z)}{f(z)} dz = N - P.$$

[証明] $c \in \Omega$ が f の k 位の零点とすると，十分小さな $r > 0$ をとれば $D(c, r) \subset \Omega$ 上で

$$f(z) = (z - c)^k g(z)$$

なる $D(c, r)$ 上の正則関数 g をとることができる．ただし，$g(c) \neq 0$ である．このとき，

$$\frac{f'(z)}{f(z)} = \frac{k}{z - c} + \frac{g'(z)}{g(z)}$$

である．したがって，$\mathrm{Res}\left(\dfrac{f'}{f} ; c\right) = k$ である．

$\eta \in \Omega$ が f の l 位の極であるとすると，十分小さな $r > 0$ をとれば $D(\eta, r) \subset \Omega$ 上で

$$(z - \eta)^l f(z) = h(z)$$

なる $D(\eta, r)$ 上の正則関数 h をとることができる．ただし，$h(\eta) \neq 0$ である．したがって，

$$\frac{f'(z)}{f(z)} = \frac{-l}{z - \eta} + \frac{h'(z)}{h(z)}$$

であるから，$\mathrm{Res}\left(\dfrac{f'}{f}; \eta\right) = -l$ である．よって留数の原理から定理が導かれる． $\qquad\square$

定理 4.6 が偏角の原理と呼ばれている理由について述べておく．定理 4.6 において，$z_0 \in C$ を任意にとり固定する．C 上の点 $z \neq z_0$ をとり，C を正の向きに z と z_0 までの間に制限した弧を C_z とする．極も零点も C_z 上には存在しないので，C_z の十分小さな単連結な開近傍上では $f(z)$ は正則かつ零点をもたない．そこでその対数の一つの分枝 $\log f(z)$ をとる．

$$\int_{C_z} \frac{f'(\zeta)}{f(\zeta)} d\zeta$$
$$= \int_{C_z} (\log f)' \, d\zeta = \log f(z) - \log f(z_0)$$
$$= \log |f(z)| - \log |f(z_0)| + i \left(\mathrm{Im} \log f(z) - \mathrm{Im} \log f(z_0)\right)$$

である．ここで，$\mathrm{Im} \log f(z)$ は C 上の連続関数であり，$\mathrm{Im} \log f(z) \in \arg f(z)$ であることに注意すれば，$\mathrm{Im} \log f(z) - \mathrm{Im} \log f(z_0)$ は C_z に沿った $f(z)$ の $f(z_0)$ からの偏角の連続的な変位を表していることがわかる．そこでこれを $\Delta_{C_z} \arg f(z_0)$ で表す．z を z_0 から出発し，C に沿って正の向きに動かし，z_0 に到達するまでの $f(z)$ の偏角の連続的な変位を $\Delta_C \arg f(z_0)$ で表すと，

$$\frac{1}{2\pi} \Delta_C \arg f(z_0) = \frac{1}{2\pi i} \int_C \frac{f'(\zeta)}{f(\zeta)} d\zeta \qquad (4.6)$$

70 第4章 有理型関数に関するいくつかの定理

が得られる. ここで定理 4.6 を用いれば

$$\frac{1}{2\pi}\Delta_C \arg f(z_0) = N - P$$

が得られる.

このことを具体的な関数によって検証してみよう.

たとえば $f(z) = z^n$ とし, $C = C(0,1)$, $z_0 = 1$ とする. $\Delta_C \arg f(z_0) = 2n\pi$ であるから

$$\frac{1}{2\pi}\Delta_C \arg f(z_0) = n$$

である. 一方

$$\frac{1}{2\pi i}\int_C \frac{f'(\zeta)}{f(\zeta)}d\zeta = \frac{n}{2\pi i}\int_C \frac{1}{\zeta}d\zeta = n$$

である. また n は z^n の唯一の零点 0 の位数である.

特に正則関数の場合, 偏角の原理は零点の個数を数えていることに注意すると, 次のようなことに使える.

例 4.7

方程式 $z^2 + z + e^{-z} = 1 - i$ は右半平面 $\{z \in \boldsymbol{C} : \operatorname{Re} z > 0\}$ 上では, ただ一つの解をもつ.

[解説] $f(z) = z^2 + z + e^{-z} - 1 + i$ とおく. 偏角の原理 (4.6) を用いる. 図 4-1 のような右半円 C_R を考える. まず iR から $-iR$ への線分に沿った $f(z)$ の偏角の変位を考えてみよう.

$$f(it) = -t^2 + it + e^{-it} - 1 + i = (\cos t - t^2 - 1) + i(1 + t - \sin t)$$

であるから, 実数 t を R から $-R$ に動かしたとき, 常に $\operatorname{Re} f(it) \leq 0$ であり, $t \to \pm\infty$ のとき $\operatorname{Re} f(it)$ は $-t^2$ の速さで $-\infty$ に発散する. 一方, $\operatorname{Im} f(it)$ は正の値 $1 + R - \sin R$ から負の値 $1 - R + \sin R$

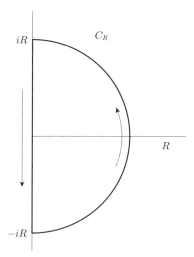

図 4-1 この曲線に沿った偏角の変位を測る.

にほぼ t の速さで単調に減少する. したがって, $R \to +\infty$ として考えると $f(it)$ の偏角の変位は 0 に収束する.

次に正の向きをもつ半円 $\left\{Re^{i\theta} : -\dfrac{\pi}{2} \leq \theta \leq \dfrac{\pi}{2}\right\}$ に沿った $f(z)$ の偏角の変位を求める.

$f(Re^{i\theta})$
$= R^2 e^{2i\theta} + Re^{i\theta} + e^{-Re^{i\theta}} - 1 + i$
$= R^2 e^{2i\theta} \left\{ 1 + R^{-1} \left(e^{-i\theta} + R^{-1} e^{-2i\theta} e^{-Re^{i\theta}} - R^{-1} e^{-2i\theta}(1-i) \right) \right\}$

であるから, $R \to +\infty$ のとき $\dfrac{f(Re^{i\theta})}{R^2 e^{2i\theta}} \to 1$ である. ゆえに偏角の変位は 2π に収束する. ゆえに

$$\frac{1}{2\pi} \Delta_{C_R} \arg f(z_0) \to 1$$

である. $f(z)$ の正則性から, $f(z)$ の極の個数は $P = 0$ である. よって (4.6) と偏角の原理から $f(z)$ の零点の個数は 1 である. □

偏角の原理を用いて次の定理が証明される.

72   第 4 章　有理型関数に関するいくつかの定理

定理 4.8 　ルーシェの定理

Ω を C 内の一つの区分的に C^1 級のジョルダン閉曲線 C で囲まれる有界領域とし，C は正に向きづけられているものとする．f, g が $\Omega \cup C$ を含むある開集合合上の正則関数で，

$$|g(z)| < |f(z)| \quad (z \in C)$$

ならば，$f(z)$ と $f(z)+g(z)$ の Ω 内の零点の個数は（位数も込めて）同じである．

[証明] $h(z) = 1 + \dfrac{g(z)}{f(z)}$ とおく．$h(z)$ は $\Omega \cup C$ 上で有理型である．$\left|\dfrac{g(z)}{f(z)}\right| < 1 \ (z \in C)$ であるから，任意の $z_0 \in C$ に対して

$$\Delta_C \arg h(z_0) = 0$$

である．一方，

$$\frac{h'(z)}{h(z)} = \frac{f'(z)+g'(z)}{f(z)+g(z)} - \frac{f'(z)}{f(z)}$$

であるから，偏角の原理より

$$0 = \frac{1}{2\pi}\Delta_C \arg h(z_0) = \frac{1}{2\pi i}\int_C \frac{h'(z)}{h(z)}dz$$
$$= \frac{1}{2\pi i}\int_C \frac{f'(z)+g'(z)}{f(z)+g(z)}dz - \frac{1}{2\pi i}\int \frac{f'(z)}{f(z)}dz.$$

である．よって再び偏角の原理から，定理が得られる． □

例 4.9

方程式 $z^5 - 2z^2 + 3z + 48 = 0$ のすべての解は $D(0, 2.31) \smallsetminus \Delta(0, 2)$ の中にある．

[**解説**] $p(z) = z^5 - 2z^2 + 3z + 48$ とおく．明らかに $z \in \Delta(0, 2)$ のとき，

$$|p(z)| \geq 48 - |z|^5 - 2|z|^2 - 3|z|$$

$$\geq 48 - 2^5 - 2 \cdot 2^2 - 3 \cdot 2 = 2$$

であるから，解は $\Delta(0, 2)$ の中には存在しない．

$f(z) = z^5$，$g(z) = -2z^2 + 3z + 48$ とおく．$z \in C(0, 2.31)$ のとき，

$$|f(z)| - |g(z)| \geq |z|^5 - 2|z|^2 - 3|z| - 48$$

$$= (2.31)^5 - 2(2.31)^2 - 3(2.31) - 48$$

$$= 0.17266 > 0$$

である．ゆえにルーシェの定理から，$p(z)$ $(= f(z) + g(z))$ は $D(0, 2.31)$ の中に z^5 と（位数も込めて）同じ個数 5 の零点のもつ．

$\square$

4.4 イェンセンの定理・ネヴァンリンナの定理

次の定理は，有理型関数 f に対して，$\log |f|$ のポアソン積分が f の極，零点の情報から記述できるというものである．本節で述べる定理と系は複素関数の解析で有用である．後の章でその一例としてハーディ空間論などで重要な役割を果たす因数分解定理への応用を紹介する．

$0 \leq r < R$ と $t \in \boldsymbol{R}$ に対して

$$P_r(t) = \frac{1}{2\pi} \frac{R^2 - r^2}{R^2 - 2Rr\cos t + r^2}$$

とおく．これを $D(0, R)$ 上のポアソン核という（[1, 第 8.5 節] 参照）．

74   第4章 有理型関数に関するいくつかの定理

定理 4.10   **R. および F. ネヴァンリンナの定理**

$R > 0$, $\varepsilon > 0$ とし，$f(z)$ を $D(0, R+\varepsilon)$ 上の有理型関数とする．f は $C(0, R)$ 上には零点も極ももたないものとする．f の $D(0, R)$ 内の零点を $\alpha_1, \ldots, \alpha_n$ とし，f の $D(0, R)$ 内の極を $\beta_1, \ldots, \beta_m$ とする．ただし，零点あるいは極が k 位のときは，同じものが k 個記されているものとする．このとき，$z = re^{i\theta} \in D(0, R)$ が f の零点でも極でもないならば

$$
\int_0^{2\pi} P_r(\theta - t) \log \left| f(R\,e^{it}) \right| dt
$$
$$
= \log |f(z)| - \sum_{\nu=1}^n \log \left| \frac{R(z - \alpha_\nu)}{R^2 - \overline{\alpha_\nu} z} \right| + \sum_{\mu=1}^m \log \left| \frac{R(z - \beta_\mu)}{R^2 - \overline{\beta_\mu} z} \right|.
$$

[証明] $\zeta \in D(0, R+\varepsilon)$ に対して

$$
G(\zeta) = \prod_{\nu=1}^n \frac{R^2 - \overline{\alpha_\nu}\zeta}{R(\zeta - \alpha_\nu)} \prod_{\mu=1}^m \frac{R(\zeta - \beta_\mu)}{R^2 - \overline{\beta_\mu}\zeta}
$$

とおく[2]．このとき，$F(\zeta) = f(\zeta)\,G(\zeta)$ とおくと，F は $\Delta(0, R)$ を含むある開集合上で正則であり，$\Delta(0, R)$ 上には零点も極ももたない．ゆえに $\log |F(\zeta)|$ は $\Delta(0, R)$ 上で連続かつ $D(0, R)$ 上で調和である[3]．また，$C(0, R)$ 上では $|G(\zeta)| = 1$ であるから，調和関数のポアソン積分表示（[1, 定理 8.12 参照]）より

$$
\log |F(z)| = \int_0^{2\pi} P_r(\theta - t) \log \left| F(R\,e^{it}) \right| dt
$$
$$
= \int_0^{2\pi} P_r(\theta - t) \log \left| f(R\,e^{it}) \right| dt
$$

---

2)　複素数 $z_1, \ldots, z_N$ に対して有限乗積は $\prod_{n=1}^N z_n = z_1 \cdots z_N$ と定義する．無限乗積の定義については第 6.1 節参照．

3)　調和関数，及びここに述べたことの証明は [1] の第 8.4 節を参照．

が成り立つ. 一方

$$\log |F(z)| = \log |f(z)| + \log |G(z)|$$

であるから, 以上より定理が証明された. $\qquad\square$

系 4.11 │ イェンセンの定理

f は定理 4.10 で定めたものとする. k を非負の整数とする. 0 が f の k 位の零点とする (ただし便宜上 0 位の零点とは零点でないことを意味するものとする). $z = 0$ でのべき級数展開を

$$f(z) = \sum_{n=k}^{\infty} c_n z^n$$

(ただし $c_k \neq 0$) とする. このとき

$$\frac{1}{2\pi} \int_0^{2\pi} \log \left| f(R\,e^{it}) \right| dt$$
$$= k \log R + \log |c_k| - \sum_{\nu=1}^{n'} \log \left| \frac{\alpha_\nu}{R} \right| + \sum_{\mu=1}^{m} \log \left| \frac{\beta_\mu}{R} \right|.$$

注意 4.12 系 4.11 において, $k = 0$ の場合は, $c_k = c_0 = f(0)$ である.

[証明] $F(z) = \dfrac{f(z)}{z^k}$ とすると, $F(0) = c_k \neq 0$ である. いま, α_1, $\ldots, \alpha_{n'}$ を f の 0 以外の零点とする. このとき, 定理 4.10 を F に適用すると,

$$\frac{1}{2\pi} \int_0^{2\pi} \log \left| F(R\,e^{it}) \right| dt = \log |c_k| - \sum_{\nu=1}^{n'} \log \left| \frac{\alpha_\nu}{R} \right| + \sum_{\mu=1}^{m} \log \left| \frac{\beta_\mu}{R} \right|$$

一方,

$$\frac{1}{2\pi} \int_0^{2\pi} \log \left| F(R\,e^{it}) \right| dt = \frac{1}{2\pi} \int_0^{2\pi} \log \left| f(R\,e^{it}) \right| dt - k \log R$$

である. よって系が証明された. □

この系の直接の結果として次の不等式が得られる.

系 4.13 | イェンセンの不等式

f が $D(0, R + \varepsilon)$ 上の正則関数であり, $f(0) \neq 0$ とする. このとき,

$$\log |f(0)| \leq \frac{1}{2\pi} \int_0^{2\pi} \log \left| f(R\,e^{it}) \right| dt$$

である. ここで等号が成り立つための必要十分条件は, f が $D(0, R)$ 上に零点をもたないことである.

[証明] 系 4.11 において, $k = 0$, $c_0 = f(0)$ かつ極は存在しない場合であるから

$$\frac{1}{2\pi} \int_0^{2\pi} \log \left| f(R\,e^{it}) \right| dt = \log |f(0)| - \sum_{\nu=1}^{n'} \log \left| \frac{\alpha_\nu}{R} \right|$$

$$\geq \log |f(0)|$$

である. 後半の主張は上記の等式より明らかである. □

$D(0, R)$ 上に無限個の零点をもつ恒等関数 0 でない正則関数があるとする. この零点は有界数列であるから, 必ず集積点を $\Delta(0, R)$ にもつ. しかし一致の定理からその零点の集積点は必ず円周 $C(0, R)$ 上になければならない. この零点の大きさについてイェンセンの定理は次のような結果を示している. 簡単のため, $R = 1$ の場合を扱う.

4.4 イェンセンの定理・ネヴァンリンナの定理　77

定理 4.14　**オストロフスキーの定理**

f を $D(0,1)$ 上の正則関数で，f は「$D(0,1)$ 上で恒等的に 0」ではなく，かつ f が $D(0,1)$ 内に無限個の零点 $\alpha_1, \alpha_2, \dots$ をもつとする．ただし零点が k 位の場合は，同じものを k 個並べるものとする．もしも，ある正の数 $C < +\infty$ が存在し，任意の $0 < r < 1$ に対して

$$\int_0^{2\pi} \log \left| f(re^{it}) \right| dt \leq C$$

ならば，

$$\sum_{j=1}^{\infty} (1 - |\alpha_j|) < +\infty \tag{4.7}$$

をみたす．

この定理は後で示すように，正則ハーディ空間論で基本的な役割を果たす．

[証明]　$0 \leq |\alpha_1| \leq |\alpha_2| \leq \cdots$ と並べる．0 が k 位の零点であるとすると，

$$f(z) = a_k z^k + \cdots, \ a_k \neq 0$$

である．また，$\alpha_1 = \cdots = \alpha_k = 0$ であり，$0 < |\alpha_{k+1}| \leq |\alpha_{k+1}| \leq \cdots \to 1$ である．後の章で証明されること（命題 6.5 の証明）であるが，$\displaystyle\sum_{j=k+1}^{\infty} (1 - |\alpha_j|) < +\infty$ と，$\displaystyle\sum_{j=k+1}^{\infty} \log |\alpha_j|$ が絶対収束することは同値であることを使う．$0 < r < 1$ に対して，$f(rz)$ は $D\left(0, \dfrac{1}{r}\right)$ 上で正則であるから系 4.11 より

$$C \geq \frac{1}{2\pi} \int_0^{2\pi} \log\left|f(r\,e^{it})\right| dt = k \log r + \log|a_k| - \sum_{0 < |\alpha_j| < r} \log\left|\frac{\alpha_j}{r}\right|.$$

ゆえに $r \to 1$ とすると

$$0 > \sum_{j=k+1}^{\infty} \log|\alpha_j| \geq -C + \log|a_k| > -\infty$$

より，$\displaystyle\sum_{j=k+1}^{\infty} \log|\alpha_j|$ が絶対収束していることがわかる． □

注意 4.15　定理 4.14 の逆も成り立っている．このことは証明を注意深く読めば示せる．

注意 4.16　(4.7) をブラシュケ条件という．$D(0,1)$ 内の点列 $\{\alpha_n\}_{n=1}^{\infty}$ がブラシュケ条件をみたすならば，$\{\alpha_n\}_{n=1}^{\infty}$ を零点とするような $D(0,1)$ 上の有界な正則関数を構成することができる．このことは後の章で学ぶ（例 6.15）．

第5章

無限遠点を含む領域上の有理型関数と z 変換

　本章では無限遠点 ∞ を含む領域での有理型関数とその応用について学ぶ．特にこのような有理型関数は，z 変換という変換を介してある種の差分方程式やディジタル信号処理などに深く関連している（z 変換と信号処理との関係については例えば新井 [2] 参照）．本章では有理型関数の視点から z 変換について学ぶ．また最後の節では無限遠点を含む拡張された複素平面とリーマン球面について解説する．

80　第 5 章　無限遠点を含む領域上の有理型関数と z 変換

5.1　無限遠点での正則点と極

関数 $f(z)$ が無限遠に広がる領域

$$A(0\,;r,+\infty) = \{z : z \in \boldsymbol{C}, r < |z| < +\infty\}$$

上で正則であるとする．「無限遠点 ∞ での正則性と特異性」という概念が次のように定義される．$w = \dfrac{1}{z}$ とし，

$$F(w) = f\left(\frac{1}{w}\right)\ (= f(z)) \tag{5.1}$$

により w の関数 $F(w)$ を定義する．$z \in A(0\,;r,+\infty)$ であることと $w \in D\left(0, \dfrac{1}{r}\right) \smallsetminus \{0\}$ であることは同値である．ゆえに f が $A(0\,;r,+\infty)$ 上で正則ならば，F は $D\left(0, \dfrac{1}{r}\right) \smallsetminus \{0\}$ 上で正則である．そこで次の定義をする．

- $w = 0$ が $F(w)$ の正則点であるとき，∞ は $f(z)$ の正則点という．

- $w = 0$ が $F(w)$ の k 位の極であるとき，∞ は $f(z)$ の k 位の極という．

- $w = 0$ が $F(w)$ の真性特異点であるとき，∞ は $f(z)$ の真性特異点という．

定義 5.1

$f(z)$ が $A(0\,;r,+\infty)$ で正則であり，さらに ∞ が $f(z)$ の正則点であるとき，f は $r < |z| \leq +\infty$ で正則であるという．また，$f(z)$ が $A(0\,;r,+\infty)$ で有理型であり，さらに ∞ が $f(z)$ の正則点または極であるとき，f は $r < |z| \leq +\infty$ で有理型であるという．

5.1 無限遠点での正則点と極　　81

　　$f(z)$ が $\boldsymbol{C}$ 上で正則であり，かつ ∞ が正則点になっている
とき，$f(z)$ は $|z| \leq +\infty$ で正則であるという．また，$f(z)$ が
$\boldsymbol{C}$ 上で有理型であり，かつ ∞ が正則点または極になっている
とき，$f(z)$ は $|z| \leq +\infty$ で有理型であるという．

問題 5.1　(1) $f(z) = z$ は $|z| \leq \infty$ で正則か？

(2) $f(z) = \dfrac{1}{z}$ は $0 < |z| \leq \infty$ で正則か？

　∞ でもローラン展開を次のように考えることができる．$f(z)$ を
$A(0 ; r, +\infty)$ 上の正則関数とし，$F(w)$ を (5.1) で定めた関数とす
る．$F(w)$ の $w = 0$ でのローラン展開を

$$F(w) = \sum_{n=-\infty}^{\infty} b_n w^n$$

とする．ここで

$$b_n = \frac{1}{2\pi i} \int_{C(0, 1/s)} \frac{F(w)}{w^{n+1}} dw \quad \left(0 < \frac{1}{s} < \frac{1}{r} \right)$$

である（積分路の向きは反時計回り）．いま $w = \dfrac{1}{z}$ であるから，

$$b_n = \frac{1}{2\pi i} \int_{C(0, s)} \frac{f(z)}{z^{-n-1}} \frac{1}{z^2} dz$$
$$= \frac{1}{2\pi i} \int_{C(0, s)} f(z) z^{n-1} dz \quad (0 < r < s)$$

であり，

$$f(z) = \sum_{n=-\infty}^{\infty} b_n z^{-n}$$

が成り立つ．いま

$$a_n = b_{-n} \ (n \geq 0)$$

と表すと次のことがわかる.

- ∞ が $f(z)$ の正則点であれば,

$$f(z) = a_0 + \sum_{n=1}^{\infty} b_n z^{-n}.$$

- ∞ が $f(z)$ の k 位の極であれば,$a_k \neq 0$ であり,

$$f(z) = \sum_{n=0}^{k} a_n z^n + \sum_{n=1}^{\infty} b_n z^{-n}.$$

- ∞ が $f(z)$ の真正特異点であれば,

$$f(z) = \sum_{n=0}^{\infty} a_n z^n + \sum_{n=1}^{\infty} b_n z^{-n},$$

ただし 0 でない a_n は無限個存在する.

定理 5.2

関数

$$f(z) = \frac{b_0 + b_1 z^{-1} + \cdots + b_n z^{-n}}{a_0 + a_1 z^{-1} + \cdots + a_m z^{-m}} \tag{5.2}$$

(ただし $b_n \neq 0$, $a_m \neq 0$) は $|z| \leq +\infty$ 上の有理型関数である.$m < n$ のとき,0 は極であり,$m \geq n$ のとき,0 は正則点である.$a_0 \neq 0$ ならば ∞ は正則点である.

[証明]

$$f(z) = z^{m-n} \frac{b_0 z^n + b_1 z^{n-1} + \cdots + b_n}{a_0 z^m + a_1 z^{m-1} + \cdots + a_m}$$

である. $m < n$ ならば 0 は $n - m$ 位の極であり，$m \geq n$ ならば 0 は正則点である. $w = \dfrac{1}{z}$ とすると

$$F(w) = f\left(\frac{1}{w}\right) = \frac{b_0 + b_1 w + \cdots + b_n w^n}{a_0 + a_1 w + \cdots + a_m w^m}$$

は $\boldsymbol{C}$ 上の有理型関数である. $a_0 \neq 0$ ならば $w = 0$ は F の正則点である. ゆえに ∞ は f の正則点である. $a_0 = 0$ の場合は $w = 0$ が F の極であるから，∞ は f の極である. 以上より，$f(z)$ は $|z| \leq +\infty$ 上の有理型関数である. $\qquad\square$

定理 5.3

$f(z)$ が $|z| \leq +\infty$ 上の有理型関数ならば，有理関数である.

[証明] まず，$f(z)$ の極は有限個しかないことを示す. 極が無限個あるとする. それを $\{\alpha_n\}_{n=1}^{\infty}$ とおく. 有理型関数の定義から，任意の $R > 0$ に対して $\Delta(0, R)$ 内に含まれる極の数は有限である. したがって，ある $\{\alpha_{n_j}\}_{j=1}^{\infty}$ で，$|\alpha_{n_j}| \to +\infty$ $(j \to \infty)$ となるものが存在する. $\dfrac{1}{\alpha_{n_j}}$ は 0 に収束する. これは $w = \dfrac{1}{z}$ とし $F(w) = f\left(\dfrac{1}{w}\right)$ としたとき，0 が極であることに反し，矛盾が生じる.

いま，$f(z)$ の $|z| < \infty$ における極を $\alpha_1, \ldots, \alpha_k$ とし，その位数を $n_1, \ldots, n_k$ とする.

$$\varphi(z) = f(z)(z - \alpha_1)^{n_1} \cdots (z - \alpha_k)^{n_k}$$

とおくと，$\alpha_1, \ldots, \alpha_k$ は正則点となり，$\varphi(z)$ は整関数とみなすことができる. $f(z)$ が ∞ に l 位の極をもつとすると，次のように表せる.

$$\varphi\left(\frac{1}{w}\right) = f\left(\frac{1}{w}\right)\left(\frac{1}{w} - \alpha_1\right)^{n_1} \cdots \left(\frac{1}{w} - \alpha_k\right)^{n_k}$$

$$= \frac{1}{w^l}\left(\sum_{n=0}^{\infty} c_n w^n\right)\left(\frac{1}{w} - \alpha_1\right)^{n_1} \cdots \left(\frac{1}{w} - \alpha_k\right)^{n_k}$$

$$= \frac{1}{w^{l+n_1+\cdots+n_k}}\left(\sum_{n=0}^{\infty} c_n w^n\right)(1 - \alpha_1 w)^{n_1} \cdots (1 - \alpha_k w)^{n_k}$$

$$= z^{l+n_1+\cdots+n_k}\left(\sum_{n=0}^{\infty} \frac{c_n}{z^n}\right)\left(1 - \frac{\alpha_1}{z}\right)^{n_1} \cdots \left(1 - \frac{\alpha_k}{z}\right)^{n_k}.$$

ゆえに，十分大きな $R > 0$ と $M > 0$ に対して，$|\varphi(z)| \leq M|z|^{l+n_1+\cdots+n_k}$ $(|z| > R)$ が成り立ち，したがってリュービルの定理から $\varphi(z)$ は高々 $l+n_1+\cdots+n_k$ 次の多項式である．ゆえに $f(z)$ は $\boldsymbol{C}$ 上の有理関数である．$f(z)$ が ∞ に l 位の零点をもつならば，上の議論で l を $-l$ に置き換えて考えればよい．よって定理が証明された．

$\square$

この定理の証明から次のことが示される．

系 5.4

$|z| \leq +\infty$ 上の正則関数 f は定数に限る．

[証明] $f(z)$ は $|z| \leq +\infty$ に極をもたないから，定理 5.3 の証明において，$l = n_1 = \cdots = n_k = 0$ とみなせる．ゆえに $\varphi(z)$ は定数であり，$\varphi(z) = f(z)$ である．

$\square$

5.2 z 変換

複素数列 $c = \{c_n\}_{n=-\infty}^{\infty}$ に対して，形式的にローラン級数

$$\mathcal{Z}[c](z) = \sum_{n=-\infty}^{\infty} c_n z^{-n}$$

をあてがい，これを（形式的に定義された）z 変換という．たとえ
ば応用上は $c = \{c_n\}_{n=-\infty}^{\infty}$ は離散的な信号（signal）あるいは離
散的なデータを表し，その解析に z 変換が用いられる（第5.3節参
照）．

ローラン級数 $\sum\limits_{n=-\infty}^{\infty} c_n z^{-n}$ が $A(0\,;r,R)$ で広義一様収束かつ絶
対収束しているとき $\mathcal{Z}[c]$ は $A(0\,;r,R)$ 上の正則関数になっている．
このような $A(0\,;r,R)$ で最も大きな円環領域を z 変換の収束域と
いう．

特にある番号 N より小さい n について $c_n = 0$ のとき，c ($=$
$\{c_n\}_{n=-\infty}^{\infty}$) を右側数列という．このとき

$$\mathcal{Z}[c](z) = \sum_{n=N}^{\infty} c_n z^{-n}$$

と表せる．$c_n = 0$ $(n < 0)$ なるとき，c は因果的という．

また，ある番号 N より大きい n について $c_n = 0$ のとき，c ($=$
$\{c_n\}_{n=-\infty}^{\infty}$) を左側数列という．このとき

$$\mathcal{Z}[c](z) = \sum_{n=-\infty}^{N} c_n z^{-n}$$

と表せる．

右側数列でも左側数列でもないものを両側数列という．

86　第 5 章　無限遠点を含む領域上の有理型関数と z 変換

例 5.5

$c_n = 0$ $(n < 0)$ とし，$c_n = -1$ $(n \geq 0)$ とする．このとき $z \in A(0\,;1,+\infty)$ において

$$\mathcal{Z}[c](z) = -\sum_{n=0}^{\infty} z^{-n} = \frac{-1}{1 - z^{-1}} = \frac{z}{1 - z}$$

である．収束域は $A(0\,;1,+\infty)$ である．

例 5.6

$c_n = 1$ $(n < 0)$ とし，$c_n = 0$ $(n \geq 0)$ とする．このとき，$z \in D(0,1)$ において

$$\mathcal{Z}[c](z) = \sum_{n=-\infty}^{-1} z^{-n} = \sum_{n=1}^{\infty} z^{n} = \frac{z}{1 - z}$$

である．収束域は $D(0,1)$ である．

例 5.7

$0 < a < b$ とする．$c_n = 0$ $(n < 0)$ とし，$c_n = a^n + b^n$ $(n \geq 0)$ とする．このとき，$z \in A(0\,;b,+\infty)$ において

$$\mathcal{Z}[c](z) = \sum_{n=0}^{\infty} (a^n + b^n)\, z^{-n} = \sum_{n=0}^{\infty} (az^{-1})^n + \sum_{n=0}^{\infty} (bz^{-1})^n$$
$$= \frac{1}{1 - az^{-1}} + \frac{1}{1 - bz^{-1}} = \frac{z\,(2z - (a+b))}{(z-a)\,(z-b)}.$$

である．収束域は $A(0;b,+\infty)$ である．

容易に次のことがわかる．

5.2 z 変換   87

定理 5.8

　$c = \{c_n\}_{n=-\infty}^{\infty}$ の z 変換の収束域 Ω が円周 $C(0,r)$ を含んでいるとする.

(1) c が右側数列ならば，$A(0;r,+\infty) \subset \Omega$.

(2) c が左側数列ならば，$A(0;0,r) \subset \Omega$.

[証明]　(1) $w = \dfrac{1}{z}$ とおくと,

$$\mathcal{Z}[c](z) = \sum_{n=N}^{\infty} c_n w^n$$

であり，$|w| = \dfrac{1}{r}$ で絶対収束しているから，$|w| < \dfrac{1}{r}$ で一様収束かつ絶対収束している.

(2)

$$\mathcal{Z}[c](z) = \sum_{n=-\infty}^{N} c_n z^{-n} = \sum_{n=-N}^{\infty} c_{-n} z^{n}$$

より $N \leq 0$ ならば $|z| = r$ で絶対収束しているから，$D(0,r)$ で一様収束かつ絶対収束する. また $N > 0$ の場合は $D(0,r)$ の原点を除いたところで一様収束かつ絶対収束する.　　　　　　　　□

　z 変換したものが，ある有理型関数で与えられたとき，ローラン展開に関する定理 2.1 を使えば，その有理型関数からもとの数列を求めることができる. これは逆 z 変換と呼ばれている.

定理 5.9

　$c = \{c_n\}_{n=-\infty}^{\infty}$ の z 変換が $A(0;r,R)$ 上の有理型関数 $f(z)$ になっているとする. このとき,

$$c_n = \frac{1}{2\pi i} \int_{C(0,s)} f(z) z^{n-1} dz \quad (r < s < R)$$

が成り立つ.

例 5.5, 5.6 は c の z 変換と別の数列 c' の z 変換が, 異なる収束域で同じ見かけの関数になることがあることを示すものである. つまり z 変換においては, 収束域が何であるかが重要になる. これらの例の逆 z 変換の計算をしておこう.

例 5.10

(1) $c = \{c_n\}_{n=-\infty}^{\infty}$ の z 変換が $A(0;1,\infty)$ 上の有理型関数 $\dfrac{z}{1-z}$ であるとする. このとき, $1 < r$ に対して

$$c_n = \frac{1}{2\pi i} \int_{C(0,r)} \frac{z^n}{1-z} dz$$

である. $n \geq 0$ の場合はコーシーの積分定理より

$$c_n = \frac{1}{2\pi i} \int_{C(0,r)} \frac{z^n}{1-z} dz = -1$$

である. $n < 0$ の場合は, 上式の被積分関数は 0 に $|n|$ 位の極, 1 に 1 位の極をもつ $\boldsymbol{C}$ 上の有理型関数であるから, 留数の原理により

$$
\begin{aligned}
c_n &= \lim_{z \to 0} \frac{1}{(|n|-1)!} \left(\frac{1}{1-z} \right)^{(|n|-1)} + \lim_{z \to 1} (z-1) \frac{z^n}{1-z} \\
&= \lim_{z \to 0} \frac{1}{(1-z)^{|n|}} - 1 = 0.
\end{aligned}
$$

(2) $c = \{c_n\}_{n=-\infty}^{\infty}$ の z 変換が $A(0;0,1)$ 上の有理型関数 $\dfrac{z}{1-z}$ であるとする (実際は $D(0,1)$ 上の正則関数). このとき, $0 < r < 1$ に対して

$$c_n = \frac{1}{2\pi i} \int_{C(c,r)} \frac{z^n}{1-z} dz$$

である．$n \geq 0$ ならばコーシーの定理から $c_n = 0$ である．$n < 0$ の場合は，0 は $|n|$ 位の極であるから，留数の原理より

$$c_n = \lim_{z \to 0} \frac{1}{(|n|-1)!} \left(\frac{1}{1-z} \right)^{(|n|-1)} = \lim_{z \to 0} \frac{1}{(1-z)^{|n|}} = 1$$

である．

5.3 たたみ込み積と z 変換

z 変換の有用な性質の一つとしてあげられるのが，数列のたたみ込み積を有理型関数の積に変えることである．数列 $a = \{a_n\}_{n=-\infty}^{\infty}$ と $b = \{b_n\}_{n=-\infty}^{\infty}$ に対して

$$c_n = \sum_{k=-\infty}^{\infty} a_k b_{n-k} \quad (n \in \boldsymbol{Z}) \tag{5.3}$$

と形式的に定義し，$c = \{c_n\}_{n=-\infty}^{\infty}$ を a と b のたたみ込み積（あるいは線形たたみ込み積）といい，$c = a * b$ で表す．(5.3) が収束していれば，線形たたみ込み積は意味のある定義になる．

線形たたみ込み積は重要な演算で，たとえば線形システムの解析とも関連している．線形システムとは次のようなものである．$x = \{x_n\}_{n=1}^{\infty}$ という離散信号をある装置 T に入力したときに，その出力 $y = \{y_n\}_{n=-\infty}^{\infty}$ が与えられるものとする．つまり T は x を y に写す写像とする．とりあえず T の定義域は厳密に限定せず議論を進める．

図 5-1　入力信号 x に対して y を出力するシステム.

この装置 T が**線形システム**あるいは**線形**であるとは, $x = \{x_n\}_{n=1}^{\infty}$, $x' = \{x'_n\}_{n=1}^{\infty}$ とスカラー α, α' に対して

$$T(\alpha x + \alpha' x') = \alpha T(x) + \alpha' T(x')$$

を出力することである. ここで $\alpha x + \alpha' x' = \{\alpha x_n + \alpha' x'_n\}_{n=1}^{\infty}$ とする. また n_0 に対して, $\tau_{n_0} x = \{x_{n-n_0}\}_{n=-\infty}^{\infty}$ を**時間遅延演算子**という. システム T が**時間不変**であるとは

$$T(\tau_{n_0} x) = \tau_{n_0} T(x)$$

をみたすことである. 線形システム T が時間不変であるとき, T の定義域と連続性について若干の仮定を付加すれば, このシステムから定まるある $h = \{h_n\}_{n=-\infty}^{\infty}$ が存在し,

$$T(x) = h * x \tag{5.4}$$

で与えられていることが知られている（詳しくは新井 [2] 参照）. $c = h * x$ とおく. この両辺を z 変換すると, h, x に関する適切な収束の条件があれば

$$\mathcal{Z}[c](z) = \mathcal{Z}[h](z)\mathcal{Z}[x](z) \tag{5.5}$$

という関係式が成り立つ（これは本節で示す）. この関係式は非常に有用で, z 変換をすると, たたみ込み積が掛け算に変わる点が解析上便利である. その有効性を示す例は次節で取り上げる.

本節ではこの関係式 (5.5) について述べる.

いま $a = \{a_n\}_{n=-\infty}^{\infty}$ の z 変換の収束域を $A(0; r_1, R_1)$ とし，$b = \{b_n\}_{n=-\infty}^{\infty}$ の z 変換の収束域を $A(0; r_2, R_2)$ とする．$A(0; r_1, R_1) \cap A(0; r_2, R_2) \neq \varnothing$ とする．$z \in A(0; r_1, R_1) \cap A(0; r_2, R_2)$ に対して

$$\sum_{n=-\infty}^{\infty} \left| a_n z^{-n} \right| < +\infty, \quad \sum_{n=-\infty}^{\infty} \left| b_n z^{-n} \right| < +\infty$$

である．このとき，正の項からなる二重級数は和の順序を入れ替えることができるので[1]

$$\begin{aligned}
&\sum_{n=-\infty}^{\infty} \sum_{k=-\infty}^{\infty} \left| a_k z^{-k} b_{n-k} z^{-n+k} \right| \\
&= \sum_{k=-\infty}^{\infty} \sum_{n=-\infty}^{\infty} \left| a_k z^{-k} \right| \left| b_{n-k} z^{-n+k} \right| \\
&= \sum_{k=-\infty}^{\infty} \left| a_k z^{-k} \right| \left(\sum_{n=-\infty}^{\infty} \left| b_{n-k} z^{-n+k} \right| \right) \\
&= \left(\sum_{k=-\infty}^{\infty} \left| a_k z^{-k} \right| \right) \left(\sum_{n=-\infty}^{\infty} \left| b_n z^{-n} \right| \right) < +\infty
\end{aligned}$$

である．一方

$$\sum_{n=-\infty}^{\infty} \sum_{k=-\infty}^{\infty} \left| a_k z^{-k} b_{n-k} z^{-n+k} \right| = \sum_{n=-\infty}^{\infty} \left(\sum_{k=-\infty}^{\infty} \left| a_k b_{n-k} \right| \right) \left| z^{-n} \right|$$

となっている．ゆえに，任意の n に対して $\sum_{k=-\infty}^{\infty} \left| a_k b_{n-k} \right| < +\infty$ が得られる．ゆえに $c_n = \sum_{k=-\infty}^{\infty} a_k b_{n-k}$ が定義でき，さらに上のことから $\sum_{n=-\infty}^{\infty} \left| c_n z^{-n} \right| < +\infty$ であることもわかる．したがって $\mathcal{Z}[c]$ は z で絶対収束していて，

1）　たとえば藤原 [6] 参照.

$$\mathcal{Z}\left[c\right](z) = \sum_{n=-\infty}^{\infty} \sum_{k=-\infty}^{\infty} a_k b_{n-k} z^{-n}$$

$$= \sum_{n=-\infty}^{\infty} \sum_{k=-\infty}^{\infty} a_k z^{-k} b_{n-k} z^{-(n-k)}$$

$$= \sum_{k=-\infty}^{\infty} a_k z^{-k} \sum_{n=-\infty}^{\infty} b_{n-k} z^{-n+k} = \mathcal{Z}\left[a\right](z)\mathcal{Z}\left[b\right](z)$$

が成り立っている（絶対収束する複素数の級数の和の順序交換については問題 5.2 参照）.

問題 5.2 実数からなる級数 $\displaystyle\sum_{n=-\infty}^{\infty} t_n$ がある実数 t に絶対収束していれば（すなわち，$\displaystyle\sum_{n=-\infty}^{\infty} |t_n| < +\infty$ かつ $\displaystyle\sum_{n=-\infty}^{\infty} t_n = t$ ならば），順序を入れ替えた級数 $\displaystyle\sum_{n=-\infty}^{\infty} t_{\sigma(n)}$ も t に絶対収束することはよく知られている．このことを用いて，複素数からなる級数 $\displaystyle\sum_{n=-\infty}^{\infty} z_n$ が z に絶対収束していれば，順序を入れ替えた級数 $\displaystyle\sum_{n=-\infty}^{\infty} z_{\sigma(n)}$ も z に絶対収束することを示せ.

5.4 差分方程式と z 変換

さて，適切な条件のもとに時間不変な線形システムでは，このシステムから定まる $h = \{h_n\}_{n=-\infty}^{\infty}$ が存在し，(5.4) をみたすが，h はしばしばこのシステムの単位インパルス応答，あるいはフィルタと呼ばれる．特に

$$\sum_{n=-\infty}^{\infty} |h_n| < +\infty$$

となるとき，フィルタ h は**安定**であるという．また，$h_n = 0$ ($n < 0$) なるときは**因果的**という．システムが安定ならば，有界な信号（つまり有界数列）をシステムに入力したとき，常に有界な信号を出力するようなシステムになっている（問題 5.3）．このようなシステムは **BIBO 安定**[2]であるという．また，システムが因果的であるとは，入力信号の過去の情報のみから出力が決まるもので，未来の情報は使わないようなものである．因果的で安定な (5.4) のようなシステムを与えるフィルタの設計は有用である．

問題 5.3　$h = (h[n])_{n=-\infty}^{\infty}$ が安定であるとする．$x = (x[n])_{n=-\infty}^{\infty}$ が有界数列ならば，$h * x = (h * x[n])_{n=-\infty}^{\infty}$ も有界数列であることを示せ．

　本節では入力と出力が差分方程式をみたすようなシステムのフィルタを見いだす z 変換を用いた方法を記す．
　あるシステムの入力信号 $x = \{x_n\}_{n=-\infty}^{\infty}$ に対して，出力信号 $y = \{y_n\}_{n=-\infty}^{\infty}$ が定数係数線形差分方程式

$$\sum_{k=0}^{N} a_k y_{n-k} = \sum_{k=0}^{M} b_k x_{n-k} \quad (n \in \boldsymbol{Z}) \tag{5.6}$$

で与えられる場合がある．このときのシステムがどのようなものかを z 変換を使って見ていこう．

---

2)　bounded input, bouded output stable.

94   第 5 章　無限遠点を含む領域上の有理型関数と z 変換

(5.6) の両辺を形式的に z 変換すると

$$\sum_{n=-\infty}^{\infty} \left(\sum_{k=0}^{N} a_k y_{n-k} \right) z^{-n} = \sum_{n=-\infty}^{\infty} \left(\sum_{k=0}^{M} b_k x_{n-k} \right) z^{-n}$$

である．この z 変換の収束域が空でないとして，その収束域上で考える．このとき

$$\sum_{k=0}^{N} a_k \left(\sum_{n=-\infty}^{\infty} y_{n-k} z^{-n+k} \right) z^{-k} = \sum_{k=0}^{M} b_k \left(\sum_{n=-\infty}^{\infty} x_{n-k} z^{-n+k} \right) z^{-k}$$

であるから

$$\sum_{k=0}^{N} a_k z^{-k} \mathcal{Z}\left[y\right](z) = \sum_{k=0}^{M} b_k z^{-k} \mathcal{Z}\left[x\right](z)$$

が得られる．ゆえに

$$\mathcal{Z}\left[y\right](z) = \frac{\displaystyle\sum_{k=0}^{M} b_k z^{-k}}{\displaystyle\sum_{k=0}^{N} a_k z^{-k}} \mathcal{Z}\left[x\right](z)$$

である．いま

$$H(z) = \frac{\displaystyle\sum_{k=0}^{M} b_k z^{-k}}{\displaystyle\sum_{k=0}^{N} a_k z^{-k}}$$

とおくと，これは $|z| \leq \infty$ での有理型関数になっていて，

$$\mathcal{Z}\left[y\right](z) = H(z)\mathcal{Z}\left[x\right](z)$$

である．$H(z)$ の ∞ でのローラン展開を

$$H(z) = \sum_{n=-l}^{\infty} h_n z^{-n}$$

とする. いまこの級数が $A(0; \rho, +\infty)$ で広義一様収束かつ絶対収束しているとする. 議論を見やすくするために $h_n = 0 \ (n < -l)$ として, $h = \{h_n\}_{n=-\infty}^{\infty}$ とおく.

収束の問題を複雑にしないために, 入力信号 x は有限の長さをもつ, すなわち, ある番号 N があり, $|n| \geq N$ ならば $x_n = 0$ であるとする. このとき,

$$
\begin{aligned}
\mathcal{Z}[y](z) = H(z)\mathcal{Z}[x](z) &= \left(\sum_{n=-\infty}^{\infty} h_n z^{-n} \right) \left(\sum_{m=-\infty}^{\infty} x_m z^{-m} \right) \\
&= \sum_{n=-\infty}^{\infty} \sum_{m=-\infty}^{\infty} h_n x_m z^{-n-m} = \sum_{l=-\infty}^{\infty} \sum_{\substack{n,m \\ n+m=l}} h_n x_m z^{-l} \\
&= \sum_{l=-\infty}^{\infty} \sum_{n=-\infty}^{\infty} h_n x_{l-n} z^{-l}.
\end{aligned}
$$

ゆえに $y = h * x$ となっている. したがって h がこのシステムの単位インパルス応答になっていることがわかる.

特に $a_0 \neq 0$ の場合, (5.6) で定まるシステムを**再帰型システム**という. この場合,

$$H(z) = \frac{b_0 + b_1 z^{-1} + \cdots + b_M z^{-M}}{a_0 + a_1 z^{-1} + \cdots + a_N z^{-N}}$$

であるが, 定理 5.2 より, ∞ は $H(z)$ の正則点であるから,

$$H(z) = \sum_{n=0}^{\infty} h_n z^{-n}$$

と表せる. すなわち h は因果的になる. また $H(z)$ の極がすべて単位開円板 $D(0, 1)$ の中に入っていれば, $H(z)$ は $A(0; r, +\infty)$ (た

だし $r < 1$) で正則なので，h は安定である．つまり

> $|z| \leq +\infty$ での有理型関数 $H(z)$ の ∞ での正則性がシス
> テムの因果性を保証し，$H(z)$ の極が単位開円板に収まっ
> ていることがシステムの安定性を保証している．

なお $H(z)$ の極がすべて $D(0,1)$ 内に入るかどうかは $H(z)$ の分母の多項式の零点がすべて $D(0,1)$ 内にあるかどうかという問題に帰着される．

問題 5.4 入力信号 $x = \{x_n\}_{n=-\infty}^{\infty}$ に対して，出力信号 $y = \{y_n\}_{n=1}^{\infty}$ が

$$y_n = \frac{1}{2}y_{n-1} + 2x_n$$

で与えられているとする．このとき，このシステムの安定性，因果性について調べよ．また単位インパルス応答 $h = \{h_n\}_{n=-\infty}^{\infty}$ を求めよ．

5.5 無限遠点について

本章では ∞ における正則性や極について扱ってきたが，∞ は記号上のものであった．これを実体的なもの（無限遠点）として扱うため拡張された複素平面と，無限遠点を可視化したリーマン球面について解説する．

5.5.1 拡張された複素平面

C 内にない要素を一つ加える．その要素を ∞ で表す．$\widehat{C} =$

$C \cup \{\infty\}$ と表す. $\widehat{C}$ の空でない部分集合 A が $\widehat{C}$ の開集合である
とは, 次の条件が成り立つことと定義する.

　　任意に $z \in A$ をとる. $z \neq \infty$ の場合は, ある $r > 0$ を
　　$D(z, r) \subset A$ となるようにとれる. $z = \infty$ の場合は, 十
　　分大きな $R > 0$ を $A(0; R, +\infty) \subset A$ となるようにとれ
　　る.

なお空集合は開集合とする.

たとえば $U \subset C$ が開集合ならば, U は $\widehat{C}$ の開集合でもある.
$A = \{z \in C : 1 < |z|\} \cup \{\infty\}$ は $\widehat{C}$ の開集合である. $A = D(0, r) \cup$
$\{\infty\}$ は $\widehat{C}$ の開集合ではない. $\widehat{C}$ を拡張された複素平面といい,
∞ を C の無限遠点という.

以下では無限遠点 ∞ と, $+\infty$, $-\infty$ は区別する. ただし, 混乱
が生じない場合は $+\infty$ を単に ∞ と記すこともあるが, この場合は
∞ は上記の無限遠点を意味するものではない.

$\widehat{C}$ の点列 $\{z_n\}_{n=1}^{\infty}$ がある $z \in \widehat{C}$ に収束するとは, z を含む任意
の開集合 $U \subset \widehat{C}$ に対して, ある番号 n_0 で, $n \geq n_0$ ならば $z_n \in$
U となるものが存在することと定義する. このことを $\lim_{n \to \infty} z_n = z$
と表す. 明らかに, $\widehat{C}$ における定義で $\{z_n\}_{n=1}^{\infty} \subset C$ が $z \in C$ に
収束することと, 複素数列が複素数に収束することは同値である.
複素数列 $\{z_n\}_{n=1}^{\infty}$ が ∞ に収束するならば, 任意の正の数 $M > 0$
に対して, $\{z \in C : M < |z|\} \cup \{\infty\}$ は ∞ を含む開集合であるか
ら, ある番号 n_0 が存在し, $n \geq n_0$ ならば, $M < |z_n|$ である. こ
れは, $\lim_{n \to \infty} |z_n| = +\infty$ を意味している. この逆も正しい (問題
5.5).

問題 5.5　複素数列 $\{z_n\}_{n=1}^{\infty}$ が, $\lim_{n \to \infty} |z_n| = +\infty$ をみたしている
ならば, $\lim_{n \to \infty} z_n = \infty$ であることを示せ.

98   第 5 章　無限遠点を含む領域上の有理型関数と z 変換

さて，$U_1 = \{z \in \widehat{C} : z \in C\}$ とおき，$U_2 = \{z \in \widehat{C} : z \neq 0\}$ とおく．U_1, U_2 は $\widehat{C}$ の開集合で，$\widehat{C} = U_1 \cup U_2$ が成り立っている．$\varphi_1(z) = z \ (z \in U_1)$, $\varphi_2(z) = \dfrac{1}{z} \ (z \in U_2 \smallsetminus \{\infty\})$, $\varphi_2(\infty) = 0$ とする．φ_1 は U_1 から C への全単射で φ_1 も φ_1^{-1} も連続であり，φ_2 は U_2 から C への全単射で φ_2 も φ_2^{-1} も連続である．また，

$$\varphi_1(U_1 \cap U_2) = \varphi_2(U_1 \cap U_2) = C \smallsetminus \{0\}$$

であり，$\varphi_1 \circ \varphi_2^{-1}(w) = \dfrac{1}{w}$ は $\varphi_2(U_1 \cap U_2) = C \smallsetminus \{0\}$ から $\varphi_1(U_1 \cap U_2) = C \smallsetminus \{0\}$ への双正則写像，$\varphi_2 \circ \varphi_1^{-1}(z) = \dfrac{1}{z}$ は $\varphi_1(U_1 \cap U_2) = C \smallsetminus \{0\}$ から $\varphi_2(U_1 \cap U_2) = C \smallsetminus \{0\}$ への双正則写像である．

$(U_j, \varphi_j) \ (j = 1, 2)$ を $\widehat{C}$ の（ある定められた）局所座標系という．

$\widehat{\Omega} \subset \widehat{C}$ を開集合とする．$\widehat{\Omega}$ 上で定義された複素数値関数が $\widehat{\Omega}$ で正則であるとは，$f \circ \varphi_1^{-1}$ が $\varphi_1(U_1 \cap \widehat{\Omega})$ 上で正則であり，かつ $f \circ \varphi_2^{-1}$ が $\varphi_2(U_2 \cap \widehat{\Omega})$ 上で正則になっていることである．

$E \subset \widehat{\Omega}$ を高々可算個の点からなる集合で，E のいかなる部分点列をとっても，$\widehat{\Omega}$ の点に収束するものが存在しないとする．f を $\widehat{\Omega}$ から $\widehat{C}$ への写像であり，$f^{-1}(\{\infty\}) = E$ かつ $j = 1, 2$ に対して，$f \circ \varphi_j^{-1}$ が $\varphi_j(U_j \cap \widehat{\Omega})$ 上の有理型関数であるとき，f を $\widehat{\Omega}$ 上の有理型関数という．$\infty \in \widehat{\Omega}$ とする．f が ∞ で正則であるとする．このとき，$w = \dfrac{1}{z}$ とすると，$f \circ \varphi_2^{-1}(w) \ (= f(z))$ が $w = 0$ で正則である．ゆえに f は第 5.1 節の意味で ∞ で正則になっている．また同様にして，∞ が極であるときは，第 5.1 節の意味で ∞ で極になっている．

問題 5.6　f が $\widehat{C}$ で有理型ならば $|z| \leq +\infty$ で有理型であることを示せ．この逆も正しいことを示せ．

5.5 無限遠点について　99

問題 5.7　$\widehat{C}$ はコンパクトであることを示せ（位相空間論の予備知識が必要な参考問題）.

問題 5.8　$\{z_n\}_{n=1}^{\infty}$ を $\widehat{C}$ の点列とすると，ある部分列 $\{z_{n_j}\}_{j=1}^{\infty}$ と $z \in \widehat{C}$ で，$\lim_{j \to \infty} z_{n_j} = z$ なるものが存在する（位相空間論の予備知識が必要な参考問題）.

5.5.2　リーマン球面

$\widehat{C}$ の全貌は，∞ が可視化できていないため，このままではイメージしにくい．∞ を可視化したものにリーマン球面がある．本項ではリーマン球面について解説する（図 5-2 参照）．3 次元ユークリッド空間 $\boldsymbol{R}^3$ 内の中心 $(0,0,0)$，半径 1 の球面

$$\boldsymbol{S}^2 = \left\{ (X, Y, Z) \in \boldsymbol{R}^3 : X^2 + Y^2 + Z^2 = 1 \right\}$$

を考える．$\boldsymbol{S}^2$ の点 $N = (0,0,1)$ を北極という．$V_1 = \boldsymbol{S}^2 \setminus \{N\}$ とおく．点 $P = (X, Y, Z) \in V_1$ と N を結ぶ直線と平面

$$\{(X, Y, 0) : X, Y \in \boldsymbol{R}\}$$

との交点を $(x, y, 0)$ とおく．$(x, y, 0)$ と複素平面の点 $z = x + iy$ を同一視する．P に z を対応させる写像を立体射影といい，ψ_1 で表す.

(X, Y, Z) と $(x, y, 0)$ との関係式を求める．$(x, y, 0)$ は N と P を結ぶ直線 $N + t(P - N)$ 上にあるから

$$\begin{pmatrix} x \\ y \\ 0 \end{pmatrix} = \begin{pmatrix} 0 \\ 0 \\ 1 \end{pmatrix} + t \begin{pmatrix} X \\ Y \\ Z - 1 \end{pmatrix}$$

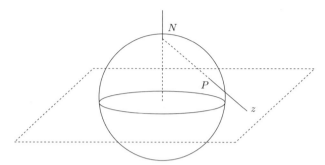

図 5-2　リーマン球面から複素平面への立体射影

をみたす．ゆえに $t = \dfrac{1}{1-Z}$ であるから，
$$x = \dfrac{X}{1-Z}, \quad y = \dfrac{Y}{1-Z}$$
である．また $X^2 + Y^2 + Z^2 = 1$ より
$$|z|^2 = x^2 + y^2 = t^2 X^2 + t^2 Y^2 = t^2(1-Z^2)$$
$$= 2t - 1$$
である．したがって
$$X = \dfrac{x}{t} = \dfrac{2x}{|z|^2+1},$$
$$Y = \dfrac{y}{t} = \dfrac{2y}{|z|^2+1},$$
$$Z = 1 - \dfrac{2}{|z|^2+1} = \dfrac{|z|^2-1}{|z|^2+1}$$

となっている．$|z| \to +\infty$ ならば，$(X, Y, Z) \to (0, 0, 1) = N$ となっている．N を無限遠点 ∞ に対応する点とみなす．

$D \subset \boldsymbol{S}^2$ とする．$N \notin D$ の場合，D が $\boldsymbol{S}^2$ の開集合とは $\psi_1(D)$ が $\boldsymbol{C}$ の開集合となることとする．$N \in D$ の場合，D が $\boldsymbol{S}^2$ の開集合であるとは，$D \smallsetminus \{N\}$ が $\boldsymbol{S}^2$ の開集合であり，かつ十分大きな $R > 0$ に対して $\psi_1^{-1}(A(0; R, +\infty)) \subset D$ が成り立っていることと

する.

立体射影 ψ_1 は，V_1 から C への全単射となっているが，N に対しては定義されていない．そこで N を含むような S^2 の部分集合 $V_2 = S^2 \smallsetminus \{(0,0,-1)\}$ から C への全単射 ψ_2 を ψ_1 と同様にして（ただし複素平面を $(0,0,-1)$ の方から見ていると考えて），

$$\psi_2(X,Y,Z) = \frac{X}{1+Z} - i\frac{Y}{1+Z}$$

と定義する．$(0,0,-1)$ は南極と呼ばれる．$z' = x' + iy' = \psi_2(X,Y,Z)$ と表す．このとき

$$X = \frac{2x'}{|z'|^2 + 1}, Y = \frac{-2y'}{|z'|^2 + 1},$$
$$Z = \frac{1 - |z'|^2}{|z'|^2 + 1}$$

となっている．また $\psi_1 \circ \psi_2^{-1}$ は $C \smallsetminus \{0\}$ から $C \smallsetminus \{0\}$ への全単射になっているが，さらに

$$\psi_1 \circ \psi_2^{-1}(z') = \psi_1\left(\frac{2x'}{|z'|^2+1}, \frac{-2y'}{|z'|^2+1}, \frac{1-|z'|^2}{|z'|^2+1}\right)$$
$$= \frac{x' - iy'}{|z'|^2} = \frac{1}{z'}$$

より $C \smallsetminus \{0\}$ から $C \smallsetminus \{0\}$ への双正則写像である．また

$$\psi_2 \circ \psi_1^{-1}(z) = \left(\psi_1 \circ \psi_2^{-1}\right)^{-1}(z) = \frac{1}{z}$$

で，これも $C \smallsetminus \{0\}$ から $C \smallsetminus \{0\}$ への双正則写像である．

(V_j, ψ_j) $(j=1,2)$ を S^2 の（ある一つの）局所座標系という．

$\{(V_j, \psi_j)\}_{j=1,2}$ により S^2 に，そして前項の $\{(U_j, \varphi_j)\}_{j=1,2}$ により $\widehat{C}$ に 1 次元複素多様体（リーマン面）の構造と呼ばれるものが入ることがわかるのだが，複素多様体については本書では立ち入らない．S^2 も $\widehat{C}$ もコンパクトなリーマン面になっている．

第 6 章

無限積

　無限積は具体的な複素関数の構成や，複素関数の解析で有用なものである．本章では無限積について基本的なことを学ぶ．本章の話題は有理型関数というよりは，正則関数に関するものであるが，次章で学ぶガンマ関数やゼータ関数の解析の準備も含まれている．

104 第6章 無限積

6.1 無限積

複素数 z_n $(n = 1, 2, \ldots, N)$ に対して，その有限積は

$$\prod_{n=1}^{N} z_n = z_1 z_2 \cdots z_N$$

で定義される．$z_n \neq 0$ $(n = 1, 2, \ldots, N)$ の場合，$\exp(\mathrm{Log}\, z_n) = z_n$ であるから（ここで Log は対数の主枝を表わしている[1]），

$$\prod_{n=1}^{N} z_n = \exp(\mathrm{Log}\, z_1) \exp(\mathrm{Log}\, z_2) \cdots \exp(\mathrm{Log}\, z_N)$$

$$= \exp(\mathrm{Log}\, z_1 + \mathrm{Log}\, z_2 + \cdots + \mathrm{Log}\, z_N)$$

が成り立っている．

この事実を使って，無限積は次のように定義される．

定義6.1

$z_n \in \boldsymbol{C}$ $(n = 1, 2, \ldots)$ とし，$\{n_j\}_{j=1}^{\infty} = \{n \in \boldsymbol{N} : z_n \neq 0\}$，$n_1 < n_2 < \cdots$ とおく．もしも

$$\lim_{n \to \infty} z_n = 1$$

かつ

$$\lim_{N \to \infty} \sum_{j=1}^{N} \mathrm{Log}\, z_{n_j} \text{ が収束}$$

している場合，z_n $(n = 1, 2, \ldots)$ の**無限積**は収束するといい，

---

1) 本書では対数関数の主枝の截線 $(-\infty, 0)$ 上では，$\mathrm{Log}\, z = \log_{\boldsymbol{R}} |z| + i\pi$ で定義している．詳しい定義は新井 [1] 参照．

$$\prod_{n=1}^{\infty} z_n = \begin{cases} 0, & \{n_j\}_{j=1}^{\infty} \subsetneq \boldsymbol{N} \\ \exp\left(\sum_{j=1}^{\infty} \mathrm{Log}\, z_{n_j}\right), & \{n_j\}_{j=1}^{\infty} = \boldsymbol{N} \end{cases}$$

を z_n $(n = 1, 2, \ldots)$ の無限積という.

特に $\lim_{n\to\infty} z_n = 1$ かつ

$$\sum_{j=1}^{\infty} |\mathrm{Log}\, z_{n_j}| < +\infty$$

であるとき, z_n $(n = 1, 2, \ldots)$ の**無限積は絶対収束する**という. なおここでは z_n の番号 n は 1 から始まる場合を記したが, 番号は 1 以外の整数から始まる場合も同様にして無限積が定義される.

注意 6.2 この定義によれば, 無限積 $\prod_{n=1}^{\infty} z_n = 0$ となるのは, 少なくとも一つ $z_n = 0$ となる項が存在する場合に限る. 後で証明することであるが (定理 6.4), $z_n \neq 0$ $(n = 1, 2, \ldots)$ かつ $\lim_{N\to\infty} \prod_{n=1}^{N} z_n = 0$ となる場合は無限積の収束の定義からは除外されている. これは $\sum_{n=1}^{\infty} \mathrm{Log}\, z_n$ が $-\infty$ に発散している場合に相当している.

次のことが成り立つ.

命題 6.3

$z_n \in \boldsymbol{C}$ $(n = 1, 2, \ldots)$ の無限積が収束するとき,

$$\lim_{N\to\infty} \prod_{n=1}^{N} z_n = \prod_{n=1}^{\infty} z_n.$$

また, このとき正の整数 N に対して, $z_n \in \boldsymbol{C}$ $(n = N+1, N+2, \ldots)$ の無限積も収束し, その無限積を $\displaystyle\prod_{n=N+1}^{\infty} z_n$ と表

すと,

$$\prod_{n=1}^{\infty} z_n = \left(\prod_{n=1}^{N} z_n \right) \left(\prod_{n=N+1}^{\infty} z_n \right)$$

が成り立つ.

[証明] まず前半の主張を証明する. 定義 6.1 の記号を用いる.
$\{n_j\}_{j=1}^{\infty} \subsetneq \boldsymbol{N}$ ならば明らかに,

$$\lim_{N \to \infty} \prod_{n=1}^{N} z_n = 0 = \prod_{n=1}^{\infty} z_n.$$

$\{n_j\}_{j=1}^{\infty} = \boldsymbol{N}$ の場合を示す.

$$\prod_{n=1}^{N} z_n = \prod_{n=1}^{N} \exp\left(\operatorname{Log} z_n\right) = \exp\left(\sum_{n=1}^{N} \operatorname{Log} z_n\right)$$
$$\xrightarrow[N \to \infty]{} \exp\left(\sum_{n=1}^{\infty} \operatorname{Log} z_n\right) = \prod_{n=1}^{\infty} z_n$$

が成り立っている.

次に後半の主張を証明する. $\{n_j\}_{j=1}^{\infty} \subsetneq \boldsymbol{N}$ の場合は明らかであるから, $\{n_j\}_{j=1}^{\infty} = \boldsymbol{N}$ の場合を示す. この場合は次のことが成り立つ.

$$\left(\prod_{n=1}^{N} z_n\right)\left(\prod_{n=N+1}^{\infty} z_n\right)$$

$$= \exp\left(\sum_{n=1}^{N} \operatorname{Log} z_n\right) \lim_{M \to \infty} \exp\left(\sum_{n=N+1}^{M} \operatorname{Log} z_n\right)$$

$$= \lim_{M \to \infty} \exp\left(\sum_{n=1}^{N} \operatorname{Log} z_n\right) \exp\left(\sum_{n=N+1}^{M} \operatorname{Log} z_n\right)$$

$$= \lim_{M \to \infty} \exp\left(\sum_{n=1}^{M} \operatorname{Log} z_n\right) = \prod_{n=1}^{\infty} z_n. \qquad \square$$

定理 6.4

$0 \neq z_n \in \boldsymbol{C}$ $(n = 1, 2, \ldots)$ とする. 次の $(1), (2)$ は同値である.

(1) 無限積 $\displaystyle\prod_{n=1}^{\infty} z_n$ が収束する.

(2) 極限 $\displaystyle\lim_{N \to \infty} \prod_{n=1}^{N} z_n \, (= u)$ が存在し, $u \neq 0$ である.

［証明］ $(1) \Rightarrow (2)$ はすでに証明した. $(2) \Rightarrow (1)$ を示す. まず $\displaystyle\lim_{m \to \infty} z_m = 1$ を示す. $u_m = \displaystyle\prod_{n=1}^{m} z_n$ とおく. $w_{m,k} = \displaystyle\prod_{n=k}^{m} z_n$ とおく $(m > k)$. $w_{m,k} = \dfrac{u_m}{z_1 \cdots z_k} \to \dfrac{u}{z_1 \cdots z_k}$ $(m \to \infty)$ であるから,

$$z_m = \frac{w_{m,k}}{w_{m-1,k}} = \frac{u_m}{z_1 \cdots z_k} \frac{z_1 \cdots z_k}{u_{m-1}} \underset{m \to \infty}{\to} \frac{u}{z_1 \cdots z_k} \frac{z_1 \cdots z_k}{u} = 1$$

である. 以下では $\displaystyle\sum_{n=1}^{\infty} \operatorname{Log} z_n$ が収束することを証明する. ここで $\operatorname{Log} z_n = \log_{\boldsymbol{R}} |z_n| + i\theta_n$ $(-\pi < \theta_n \leq \pi)$ と表せる. まず $u \notin (-\infty, 0)$ の場合を示す. $u = re^{i\varphi}$ $(-\pi < \varphi < \pi), u_m = r_m e^{i\varphi_m}$ $(-\pi < \varphi_m \leq \pi)$ とおく. $\displaystyle\lim_{m \to \infty} u_m = u$ より $\displaystyle\lim_{m \to \infty} r_m = r, \lim_{m \to \infty} \varphi_m = \varphi$ である. したがって

$$\log_{\boldsymbol{R}} r = \lim_{m \to \infty} \log_{\boldsymbol{R}} r_m = \lim_{m \to \infty} \sum_{n=1}^{m} \log_{\boldsymbol{R}} |z_n|$$

$$= \sum_{n=1}^{\infty} \log_{\boldsymbol{R}} |z_n|$$

である．一方，$\theta_1' = \varphi_1, \theta_m' = \varphi_m - (\theta_1' + \cdots + \theta_{m-1}') \ (m = 2, 3, \ldots)$ と定義すると，$\sum_{m=1}^{\infty} \theta_m' = \varphi$ である．

$$u_m = |z_1| \cdots |z_m| \, e^{i(\theta_1 + \cdots + \theta_m)}$$

でもあるから，$\varphi_m = \theta_1 + \cdots + \theta_m + 2\pi k_m \ (k_m \in \boldsymbol{Z})$ である．この ことと θ_n' の定義より，$\theta_n' = \theta_n + 2\pi k_n' \ (k_n' \in \boldsymbol{Z})$ であることがわか る．$\sum_{n=1}^{\infty} \theta_n'$ は収束しているから，$\lim_{n \to \infty} \theta_n' = 0$ である．ゆえにある番 号 n_0 が存在し，$n \geq n_0$ ならば $k_n' = 0$ でなければならず，$\theta_n' = \theta_n$ である．ゆえに $\sum_{n=1}^{\infty} \theta_n$ は収束し，$\sum_{n=1}^{\infty} \mathrm{Log}\, z_n$ が収束することが証明 された．

$u < 0$ の場合は，$e^{-i\pi}, z_1, z_2, \ldots$ なる点列を考えればよい． $\qquad \square$

無限積はしばしば，$a_n = z_n - 1$ とおき，$\prod_{n=1}^{\infty} z_n$ を $\prod_{n=1}^{\infty} (1 + a_n)$ の形で議論することが多い．このように表したとき，定義よりこの 無限積が収束することは

$$\lim_{n \to \infty} a_n = 0$$

かつ

$$\sum_{n=1}^{\infty} \mathrm{Log}\, (1 + a_n) \ \text{が収束する}$$

ことと同値である．また $\{n_j\}_{j=1}^{\infty} = \{n \in \boldsymbol{N} : a_n \neq -1\}$ である． 次のことが成り立つ．

6.1 無限積　109

命題 6.5

$\{a_n\}_{n=1}^{\infty}$ を複素数列とする．次の $(1), (2), (3)$ は同値である．

(1) $\displaystyle\prod_{n=1}^{\infty} (1 + a_n)$ が絶対収束する．

(2) $\displaystyle\prod_{n=1}^{\infty} (1 + |a_n|)$ が収束する．

(3) $\displaystyle\sum_{n=1}^{\infty} |a_n| < +\infty$ である．

[証明]　まず (1) と (3) の同値性を証明する．$\mathrm{Log}\,(1 + z)$ は $D = \{z \in \boldsymbol{C} : |z| < 1\}$ で正則である．したがって，[1, 定理 2.11] より

$$\mathrm{Log}\,(1 + z) = \mathrm{Log}\,(1 + z) - \mathrm{Log}\,1 = \left.\frac{\partial}{\partial \zeta} \mathrm{Log}\,(\zeta)\right|_{\zeta=1} z + \eta(z)$$

$$= z + \eta(z),$$

ただしここで

$$\lim_{|z| \to 0} \frac{|\eta(z)|}{|z|} = 0$$

である．したがって，ある正数 δ が存在し，任意の $|z| < \delta$ に対して

$$|\eta(z)| \leq \frac{1}{2}\,|z|$$

となっている．$(1), (3)$ のいずれを仮定しても $\displaystyle\lim_{n\to\infty} a_n = 0$ が成り立つ．したがって，ある番号 n_0 より大きな n に対しては $|a_n| < \delta$ であり，したがって，

$$|\mathrm{Log}\,(1 + a_n)| \geq |a_n| - |\eta(a_n)| \geq \frac{1}{2}\,|a_n|\,, \tag{6.1}$$

$$|\mathrm{Log}\,(1 + a_n)| \leq |a_n| + |\eta(a_n)| \leq \frac{3}{2}\,|a_n| \tag{6.2}$$

である．また $n_0 \geq n$ なる a_n は有限個しかないから

$$\sum_{n=1}^{\infty} |\mathrm{Log}\,(1+a_n)| < +\infty \quad \text{と} \quad \sum_{n=1}^{\infty} |a_n| < +\infty$$

は同値となり，(1) と (3) の同値性が証明された．a_n の代わりに $|a_n|$ で考えれば，(2) と (3) の同値性も得られる． $\square$

問題6.1　　直接有限個の積を計算して，容易にその極限を求められることもしばしばある．$\displaystyle\prod_{n=1}^{N}\left(1+\frac{1}{n}\right)$ または $\displaystyle\prod_{n=1}^{N}\left(1+\frac{(-1)^n}{n+1}\right)$ を直接積の形で計算し，次の極限を調べよ．

(1) $\displaystyle\prod_{n=1}^{\infty}\left(1+\frac{1}{n}\right)$

(2) $\displaystyle\prod_{n=1}^{\infty}\left(1+\frac{(-1)^n}{n+1}\right)$

　　$f_n(z)$ $(n=1,2,\ldots)$ を集合 $E \subset \boldsymbol{C}$ 上で定義されている複素関数とする．もし E の各点 z に対して無限積 $\displaystyle\prod_{n=1}^{\infty} f_n(z)$ が収束しているとき，E 上の関数

$$\prod_{n=1}^{\infty} f_n : E \ni z \mapsto \prod_{n=1}^{\infty} f_n(z) \in \boldsymbol{C}$$

が定義できる．特に $\displaystyle\prod_{n=1}^{N} f_n(z)$ が $\displaystyle\prod_{n=1}^{\infty} f_n(z)$ に E 上で一様収束しているとき，無限積 $\displaystyle\prod_{n=1}^{\infty} f_n(z)$ は E 上で一様収束しているという．E が開集合の場合，$\displaystyle\prod_{n=1}^{N} f_n(z)$ が $\displaystyle\prod_{n=1}^{\infty} f_n(z)$ に E 上で広義一様収束しているとき，無限積 $\displaystyle\prod_{n=1}^{\infty} f_n(z)$ は E 上で広義一様収束しているという．

6.1 無限積　111

問題 6.2　$E \subset \boldsymbol{C}$ 上の有界な複素関数 f に対して

$$\|f\|_E = \sup_{z \in E} |f(z)|$$

と定義する. f, f_n $(n = 1, 2, \ldots)$ を $E \subset \boldsymbol{C}$ 上の有界な複素関数とする. 次の (1)-(3) を示せ.

(1)　f_n が f に E 上で一様収束するための必要十分条件は, $\displaystyle\lim_{n \to \infty} \|f_n - f\|_E = 0$ である.

(2) f_n が E 上で f に一様収束するならば, e^{f_n} も e^f に E 上で一様収束する.

(3) $\displaystyle\sum_{n=1}^{N} f_n$ が f に E 上で一様収束するならば, $\displaystyle\prod_{n=1}^{N} e^{f_n}$ は e^f に E 上で一様収束する.

定理 6.6

Ω を $\boldsymbol{C}$ 内の開集合とし, $f_n(z)$ $(n = 1, 2, \ldots)$ を Ω 上の正則関数とする. 無限積 $\displaystyle\prod_{n=1}^{\infty} f_n(z)$ が Ω 上で広義一様収束していれば, $\displaystyle\prod_{n=1}^{\infty} f_n(z)$ は Ω 上で正則である.

[証明]　$\displaystyle\prod_{n=1}^{N} f_n(z)$ は正則で, $\displaystyle\prod_{n=1}^{\infty} f_n(z)$ に広義一様収束している. したがって, 定理 1.7 より定理が証明される.　　　□

無限積の複素微分については次の公式が成り立つ.

定理 6.7　**対数微分法**

$f_n(z)$ $(n = 1, 2, \ldots)$ を $\boldsymbol{C}$ 内の開集合 Ω 上の正則関数とし, 無限積 $F(z) = \displaystyle\prod_{n=1}^{\infty} f_n(z)$ が Ω 上で広義一様収束しているとする. 「F は Ω 上で恒等的に 0」ではないとする. F の零点の集

合を $Z(F) = \{z_k : k = 1, 2, \ldots\}$ とおく．ただし F が零点をもたない場合は $Z(F) = \varnothing$ とする．このとき，

$$\frac{F'(z)}{F(z)} = \sum_{n=1}^{\infty} \frac{f_n'(z)}{f_n(z)} \quad (z \in \Omega \smallsetminus Z(F))$$

が成り立ち，右辺の級数は $\Omega \smallsetminus Z(F)$ において広義一様収束している．

[証明] $\Delta \subset \Omega \smallsetminus Z(F)$ をみたす任意の閉円板 Δ をとる．Δ は F の零点を含まない有界閉集合であるから，ある $M > 0$ とある $\delta > 0$ が存在し，$\delta \leq |F(z)| \leq M \ (z \in \Delta)$ が成り立っている．また F' は Δ 上で連続であるから，$|F'(z)| \leq M' \ (z \in \Delta)$ をみたす正の数 M' が存在する．

$$F_N(z) = \prod_{n=1}^{N} f_n(z)$$

とする．仮定より $N \to \infty$ とすると，$F_N(z)$ は Δ を含むある開集合上で $F(z)$ に一様収束している．ゆえに十分大きな番号 N_0 を選んで $N \geq N_0$ ならば

$$\frac{\delta}{2} \leq |F_N(z)| \leq 2M \ (z \in \Delta)$$

となるようにできる．したがって

$$\left| \frac{F_N'(z)}{F_N(z)} - \frac{F'(z)}{F(z)} \right|$$

$$= \frac{|F(z)F_N'(z) - F_N(z)F'(z)|}{|F_N(z)|\,|F(z)|}$$

$$\leq \frac{|F(z)F_N'(z) - F(z)F'(z)| + |F(z)F'(z) - F_N(z)F'(z)|}{|F_N(z)|\,|F(z)|}$$

$$\leq \frac{2}{\delta} |F_N'(z) - F'(z)| + \frac{2}{\delta^2} M' |F(z) - F_N(z)|$$

が得られる. 定理 1.7 より $F_N'(z)$ は $F'(z)$ に Δ 上で一様収束しているから,

$$\lim_{N \to \infty} \frac{F_N'(z)}{F_N(z)} = \frac{F'(z)}{F(z)} \ (z \in \Delta)$$

は一様収束として成り立つ. 一方,

$$\frac{F_N'}{F_N} = \frac{f_1' f_2 \cdots f_N}{f_1 \cdots f_N} + \cdots + \frac{f_1 f_2 \cdots f_N'}{f_1 \cdots f_N} = \sum_{n=1}^{N} \frac{f_n'}{f_n}$$

である. □

6.2 無限積による正則関数

無限積で定義される正則関数の例をいくつか見る. そのために無限積の一様収束の便利な判定法を準備しておこう.

定理 6.8

$\Delta \subset \boldsymbol{C}$ を集合とし, $f_n(z)$ $(n = 1, 2, \ldots)$ を Δ 上の複素関数とする. もし, ある非負の実数列 M_n で,

$$\sum_{n=1}^{\infty} M_n < +\infty, \tag{6.3}$$

$$|f_n(z) - 1| \le M_n \ (z \in \Delta, \ n = 1, 2, \ldots) \tag{6.4}$$

をみたすものが存在するならば, $\prod_{n=1}^{N} f_n(z)$ は $\prod_{n=1}^{\infty} f_n(z)$ に Δ 上で一様収束かつ絶対収束している.

[証明] $M = \sum\limits_{n=1}^{\infty} M_n$ とおき，$g_n(z) = f_n(z) - 1$ とおく．命題 6.5 の証明と証明に現れた δ を用いる．条件 (6.3) より，十分大きな自然数 n_0 に対して，$n \geq n_0$ ならば $M_n < \delta$ である．したがって，(6.2) と (6.4) より $n \geq n_0$ ならば，$z \in \Delta$ に対して

$$|\mathrm{Log}\, f_n(z)| = |\mathrm{Log}\,(1 + g_n(z))| \leq \frac{3}{2}|g_n(z)| \leq \frac{3}{2}M_n$$

である．ゆえに

$$\sum_{n=n_0}^{\infty} |\mathrm{Log}\, f_n(z)| \leq \frac{3}{2}M$$

である．M 判定法より $\sum\limits_{n=n_0}^{\infty} \mathrm{Log}\, f_n(z)$ は Δ 上で一様収束かつ絶対収束している．これより $\prod\limits_{n=n_0}^{N} f_n(z) = \exp\left(\sum\limits_{n=n_0}^{N} \mathrm{Log}\, f_n(z)\right)$ が $\prod\limits_{n=n_0}^{\infty} f_n(z) = \exp\left(\sum\limits_{n=n_0}^{\infty} \mathrm{Log}\, f_n(z)\right)$ に一様収束していることが証明される（問題 6.2 と解答参照）．また (6.4) より $\prod\limits_{n=1}^{n_0-1} f_n(z)$ は Δ 上有界であるから，定理の主張が証明される． □

無限積により定義される整関数の一例として次のものがある．

例 6.9

無限積

$$\prod_{n=1}^{\infty}\left(1 - \frac{z^2}{n^2}\right)$$

は C 上で広義一様収束かつ絶対収束し，整関数になっている．

6.2 無限積による正則関数　115

[解説]　$f_n(z) = 1 - \dfrac{z^2}{n^2}$ $(n = 1, 2, \ldots)$ とする．任意に $R > 0$ をとる．閉円板 $\Delta(0, R)$ の任意の点 z に対して，

$$|f_n(z) - 1| = \left| \frac{z^2}{n^2} \right| < \frac{R^2}{n^2} \quad \text{かつ} \quad \sum_{n=1}^{\infty} \frac{R^2}{n^2} < +\infty$$

であるから，定理 6.8 より，$\displaystyle\prod_{n=1}^{\infty} f_n(z)$ は $\Delta(0, R)$ 上で一様収束する．R は任意の正数であるから，$\displaystyle\prod_{n=1}^{\infty} f_n(z)$ は C 上で広義一様収束している．ゆえに定理 6.6 より $\displaystyle\prod_{n=1}^{\infty} f_n(z)$ は整関数である．　□

　この無限積で定義される関数と定理 4.4 における cot の部分分数展開を使って，$\sin \pi z$ の乗積による表示を求めることができる．この乗積による表示は後でガンマ関数の解析でも使う．

定理 6.10

C 上で

$$\sin \pi z = \pi z \prod_{n=1}^{\infty} \left(1 - \frac{z^2}{n^2} \right)$$

が成り立つ．ただし右辺の無限積は C で広義一様収束している．

[証明]　右辺の無限積が C で広義一様収束していることは例 6.9 で示した．

$$f(z) = \frac{\sin \pi z}{\pi}, \quad g(z) = z \prod_{n=1}^{\infty} \left(1 - \frac{z^2}{n^2} \right)$$

とおく．$C \smallsetminus Z$ において，対数微分法と定理 4.4 より，

$$\frac{g'(z)}{g(z)} = \frac{1}{z} + \sum_{n=1}^{\infty} \frac{-\dfrac{2z}{n^2}}{1 - \dfrac{z^2}{n^2}} = \frac{1}{z} + \sum_{n=1}^{\infty} \frac{2z}{z^2 - n^2}$$

$$= \pi \cot \pi z = \frac{f'(z)}{f(z)}$$

が成り立っている．したがって

$$\left(\frac{g}{f}\right)'(z) = \frac{g'(z)f(z) - g(z)f'(z)}{f(z)^2} = \frac{g(z)}{f(z)}\left(\frac{g'(z)}{g(z)} - \frac{f'(z)}{f(z)}\right)$$

$$= 0$$

となっている．$\dfrac{g(z)}{f(z)}$ は $\boldsymbol{C} \smallsetminus \boldsymbol{Z}$ において正則であるから，$g(z) = \alpha f(z) \, (z \in \boldsymbol{C} \smallsetminus \boldsymbol{Z})$ なる複素定数 α が存在する．

$$\lim_{z \to 0} \frac{f(z)}{z} = 1, \quad \lim_{z \to 0} \frac{g(z)}{z} = 1$$

であるから，$\alpha = 1$ でなければならない．よって $g(z) = f(z)$ が得られる． $\qquad\square$

$a_n \in \boldsymbol{C} \, (n = 1, 2, \dots)$ で

$$0 < |a_1| \le |a_2| \le \cdots, \quad \lim_{n \to \infty} |a_n| = +\infty \tag{6.5}$$

をみたすものを考える．このとき，すべての a_n のみを零点とする整関数が無限積を使って構成できることを示す．

まず容易にわかることは，$\{a_n\}_{n=1}^{\infty}$ が上の条件に加えてさらに

$$\sum_{n=1}^{\infty} \frac{1}{|a_n|} < +\infty \tag{6.6}$$

をみたしている場合である．このときは，任意の $R > 0$ に対して，

$$f(z) = \prod_{n=1}^{\infty} \left(1 - \frac{z}{a_n} \right)$$

は $\Delta(0, R)$ で一様収束する（定理 6.8 より）. したがって, $f(z)$ が求める整関数である.

以下では, 条件 (6.6) が必ずしもみたされていない場合を考える. そのためにワイエルシュトラスの基本因子と呼ばれるものを導入する.

$$E_0(z) = 1 - z,$$
$$E_n(z) = (1 - z) \exp\left(z + \frac{z^2}{2} + \cdots + \frac{z^n}{n} \right), \, n = 1, 2, \ldots$$

をワイエルシュトラスの基本因子と呼ぶ. 次が成り立つ（[13] 参照）.

命題 6.11

$z \in \Delta(0, 1)$ ならば

$$|1 - E_n(z)| \le |z|^{n+1}, \quad n = 0, 1, 2, \ldots.$$

[証明] $n = 0$ の場合は明らかである. $n \ge 1$ の場合を示す. $F_n(z) = 1 - E_n(z)$ とおくと, $F_n(0) = 0$ である. また

$$
\begin{aligned}
F_n'(z) = -E_n'(z) &= \exp\left(z + \frac{z^2}{2} + \cdots + \frac{z^n}{n} \right) \\
&\quad - (1 - z)\left(1 + z + \cdots + z^{n-1} \right) \exp\left(z + \frac{z^2}{2} + \cdots + \frac{z^n}{n} \right) \\
&= z^n \exp\left(z + \frac{z^2}{2} + \cdots + \frac{z^n}{n} \right)
\end{aligned}
$$

より, $F_n'(0) = 0$, $F_n^{(2)}(0) = 0$, ..., $F_n^{(n)}(0) = 0$, $F_n^{(n+1)}(0) \ne 0$ であ

ることがわかる. ゆえに

$$F_n(z) = \sum_{k=n+1}^{\infty} \frac{F_n^{(k)}(0)}{k!} z^k$$

となることが得られる. 一方, $e^w = \sum_{n=0}^{\infty} \frac{1}{n!} w^n$ であるから $F_n'(z)$ の
べき級数展開の係数はすべて非負であることがわかる. このことから

$$h(z) = \frac{F_n(z)}{z^{n+1}}$$

とおくと, $h(z)$ のべき級数展開したときの係数はすべて非負である.
したがって $|z| \leq 1$ ならば $|h(z)| \leq h(|z|) \leq h(1) = 1$ である. よって
命題が証明された.　　　　　　　　　　　　　　　　　　　　　□

　これを使って, a_n $(n = 1, 2, \ldots)$ にのみ零点をもつ整関数を構成
する.
　いま l_n を非負の整数で, 任意に $R > 0$ に対して

$$\sum_{n=1}^{\infty} \left(\frac{R}{|a_n|} \right)^{l_n+1} < +\infty \tag{6.7}$$

をみたすものをとる. たとえば $l_n = n - 1$ ととる. 仮定 (6.5) よ
り十分大きな番号 n_R 以上の m については $2R < |a_m|$ であるから,
コーシーの判定法[2]を用いて

$$\sum_{n=1}^{\infty} \left(\frac{R}{|a_n|} \right)^{l_n+1} = \sum_{n=1}^{n_R-1} \left(\frac{R}{|a_n|} \right)^{l_n+1} + \sum_{n=n_R}^{\infty} \left(\frac{R}{|a_n|} \right)^{l_n+1} < +\infty$$

すなわち (6.7) を示せる.

――――――――――――――
[2]　コーシーの判定法：$x_n \geq 0$ $(n = 1, 2, \ldots)$ とする. もしも $\lim_{k \to \infty} \sqrt[k]{x_k} < 1$ ならば
$\sum_{k=1}^{\infty} x_k < +\infty$ である.

$z \in \Delta(0, R)$ に対して，$m \geq n_R$ ならば

$$\left| 1 - E_{l_m}\left(\frac{z}{a_m}\right) \right| \leq \left| \frac{z}{a_m} \right|^{l_m+1} \leq \left(\frac{R}{|a_m|} \right)^{l_m+1}$$

であるから，(6.7) より

$$\sum_{n=1}^{\infty} \left(1 - E_{l_n}\left(\frac{z}{a_n}\right) \right) \tag{6.8}$$

は $\Delta(0, R)$ 上で一様収束かつ絶対収束することがわかる．R は任意の正数であるから，級数 (6.8) は $\boldsymbol{C}$ 上で広義一様収束かつ絶対収束する．したがって，

$$\prod_{n=1}^{\infty} E_{l_n}\left(\frac{z}{a_n}\right)$$

は整関数であり，a_n $(n = 1, 2, \ldots)$ にのみ零点をもつ．

以上で証明したことをまとめておく．

定理 6.12

複素数列 $\{a_n\}_{n=1}^{\infty}$ が条件 (6.5) をみたすとする．任意の $R > 0$ に対して (6.7) をみたす非負整数 l_n $(n = 1, 2, \ldots)$ をとる．このとき

$$f(z) = \prod_{n=1}^{\infty} E_{l_n}\left(\frac{z}{a_n}\right)$$

は整関数であり，a_n $(n = 1, 2, \ldots)$ にのみ零点をもつ．

---

120 第6章 無限積

例 6.13

無限積

$$\prod_{n=1}^{\infty} \left(1 + \frac{z}{n}\right) e^{-z/n}$$

は $\boldsymbol{C}$ 上で広義一様収束し，負の整数 $-n$ を 1 位の零点にもつ整関数になっている．この関数は次節で示すが，ガンマ関数と密接に関係する．

[解説]　$a_n = -n$ とする．このとき，$l_n = 1$ とすると，任意の $R > 0$ に対して

$$\sum_{n=1}^{\infty} \left(\frac{R}{|a_n|}\right)^{l_n+1} = \sum_{n=1}^{\infty} \frac{R^2}{n^2} < +\infty$$

である．したがって定理 6.12 より

$$\prod_{n=1}^{\infty} E_1\left(-\frac{z}{n}\right) = \prod_{n=1}^{\infty} \left(1 + \frac{z}{n}\right) \exp\left(-\frac{z}{n}\right)$$

は負の整数を零点とする整関数である．零点が 1 位であることは明らか．　　　　　　　　　　　　　　　　　　　　　　　□

　与えられた零点をもつ整関数を構成したが，逆に与えられた零点をもつ任意の整関数について次のことが成り立つ．

定理 6.14　ワイエルシュトラスの因数分解定理

　$\{a_n\}_{n=1}^{\infty}$ を条件 (6.5) をみたす複素数列とする．f を $\{a_n\}_{n=1}^{\infty}$ のみを零点とする整関数とする．ただし a_n の重複度は零点の位数と同じであるとする．このとき，ある整関数 φ

とある非負の整数列 $\{l_n\}_{n=1}^{\infty}$ で,

$$f(z) = e^{\varphi(z)} \prod_{n=1}^{\infty} E_{l_n}\left(\frac{z}{a_n}\right)$$

となるものが存在する.

[証明] すでに示したように $\{a_n\}_{n=1}^{\infty}$ のみを零点とし, a_n の重複度は零点の位数と同じである整関数として $g(z) = \prod_{n=1}^{\infty} E_{l_n}\left(\dfrac{z}{a_n}\right)$ を構成した (ここで l_n は条件 (6.7) をみたすようにとる). このとき, $\dfrac{f(z)}{g(z)}$ は零点をもたない整関数である. したがって $e^{\varphi(z)} = \dfrac{f(z)}{g(z)}$ をみたす整関数 φ が存在する ([1, 定理 8.4]). ゆえに $f(z) = e^{\varphi(z)}g(z)$ となっている. □

問題 6.3 次を示せ.

$$\cos \pi z = \prod_{n=1}^{\infty}\left(1 - \frac{4z^2}{(2n-1)^2}\right) \quad (z \in \boldsymbol{C})$$

(ヒント) たとえば, $\cos \pi z = \dfrac{\sin 2\pi z}{2 \sin \pi z}$ を用いて, 定理 6.10 を使えばよい.

問題 6.4 定理 6.10 において, $z = \dfrac{1}{2}$ を代入することにより, 次のウォリスの公式を導け.

$$\lim_{n \to \infty} \frac{2^{2n}(n!)^2}{\sqrt{n}(2n)!} = \sqrt{\pi}.$$

次の定理の無限積 $B(z)$ はブラシュケ積と呼ばれ, 単位円板上の正則関数の解析で重要な役割を果たす.

122　第6章　無限積

例6.15　**ブラシュケ積**

$z_n \in D(0,1) \smallsetminus \{0\}$ $(n = 1, 2, \ldots)$ がブラシュケ条件

$$\sum_{n=1}^{\infty} (1 - |z_n|) < +\infty \tag{6.9}$$

をみたすとする．k を非負整数とする．このとき，無限積

$$B(z) = z^k \prod_{n=1}^{\infty} \frac{|z_n|}{z_n} \frac{z_n - z}{1 - \overline{z_n}z}$$

は単位開円板 $D(0,1)$ 上で広義一様収束する．$B(z)$ は $D(0,1)$ 上
の正則関数で，$\{z_n\}_{n=1}^{\infty}$（と $k > 0$ の場合は 0）のみを零点とし，

$$|B(z)| < 1 \quad (z \in D(0,1))$$

をみたす．

[解説]　$|z| \le r < 1$ に対して

$$
\begin{aligned}
\left| 1 - \frac{|z_n|}{z_n} \frac{z_n - z}{1 - \overline{z_n}z} \right| &= \left| \frac{z_n - |z_n|^2 z - |z_n| z_n + |z_n| z}{z_n (1 - \overline{z_n}z)} \right| \\
&= \left| \frac{(z_n + |z_n| z)(1 - |z_n|)}{z_n (1 - \overline{z_n}z)} \right| \\
&\le \frac{1 + |z|}{|1 - \overline{z_n}z|} (1 - |z_n|) \le \frac{2}{1 - r} (1 - |z_n|).
\end{aligned}
$$

ゆえに条件 (6.9) と定理 6.8 より定理の広義一様収束に関する主張が
証明される．したがって，$B(z)$ は $D(0,1)$ 上の正則関数である．ま
た，$z \in D(0,1)$ に対して

$$\left| \frac{z_n - z}{1 - \overline{z_n}z} \right| < 1$$

より，$|B(z)| < 1$ が $D(0,1)$ 上で成り立つ．定義より $\{z_n\}_{n=1}^{\infty}$ のみが
$B(z)$ 零点である．　　□

6.3 ネヴァンリンナ空間，ハーディ空間　123

注意 6.16 $z_n = 1 - \dfrac{1}{(n+1)^2}$ $(n = 1, 2, \ldots)$ とすると，$z_n \in D(0,1)$ であり，ブラシュケ条件をみたす．このとき，$\{z_n\}_{n=1}^{\infty}$ によるブラシュケ積 $B(z)$ の零点 $\{z_n\}_{n=1}^{\infty}$ は集積点 1 をもつ．しかしそれは $D(0,1)$ には属さない．したがって一致の定理の条件はみたしていない．

6.3　ネヴァンリンナ空間，ハーディ空間

　古くから正則関数からなるさまざまな空間が研究されてきた．ここではその古典的な例を垣間見る．

　非負の実数 x に対して，$\log^+ x = 0$ $(0 \le x \le 1), \log^+ x = \log x$ $(x > 1)$ とする．$D = D(0,1)$ 上の正則関数で，

$$\sup_{0 < r < 1} \int_0^{2\pi} \log^+ \left| f(re^{it}) \right| dt < +\infty$$

をみたすもの全体のなす族をネヴァンリンナ空間といい，$N(D)$ で表す．

　このほか，次に定義するハーディ空間はこの方面の分野では重要な関数空間である．$0 < p < \infty$ の場合，D 上の正則関数 f で

$$\sup_{0 < r < 1} \int_0^{2\pi} \left| f(re^{it}) \right|^p dt < +\infty$$

をみたすもの全体のなす族を $H^p(D)$ で表わす．また，D 上の有界な正則関数全体のなす族を $H^\infty(D)$ と表す．$H^p(D)$ $(0 < p \le \infty)$ を総称してハーディ空間という[3]．明らかに

---

3)　実関数論的なハーディ空間と区別するため，正則ハーディ空間と呼ばれることもある．

$$H^{\infty}(D) \subset H^p(D) \subset H^q(D) \subset N(D)$$

が成り立っている $(0 < q < p < \infty)$.

　ネヴァンリンナ空間，ハーディ空間について詳しく述べるには，ルベーグ積分が必要であり，本書の範囲を超えるのでここでは扱わないが，詳細は例えば Duren [3] あるいは Koosis [9] を参照してほしい．本書ではハーディ空間論で重要な役割をはたす次の因数分解定理を証明するに留める.

定理6.17 | **F. リースの定理**

　$f \in N(D)$ とする．このとき，f の零点から作られるブラシュケ積 $B(z)$ と $D(0,1)$ 内に零点をもたない正則関数 $F(z)$ が存在し,

$$f(z) = B(z)F(z) \quad (z \in D(0,1))$$

と分解できる.

[証明]　定理 4.14 から，ネヴァンリンナ空間に属する $D(0,1)$ 上の正則関数の 0 でない零点はブラシュケ条件をみたしていることがわかる．0 が f の k 位の零点とする．$\alpha_1, \alpha_2, \ldots$ をそれ以外の f の零点とする（ただし 2 位以上の零点の場合は，同じ点を位数だけ並べるものとする）．$0 < |\alpha_1| \leq |\alpha_2| \leq \cdots$ とし,

$$B(z) = z^k \prod_{j=1}^{\infty} \frac{|\alpha_j|}{\alpha_j} \frac{\alpha_j - z}{1 - \overline{\alpha_j} z}$$

とおく．$F(z) = \dfrac{f(z)}{B(z)}$ とおけば F が求めるものである．　　□

第 **7** 章

有理拡張で得られる
有理型関数

　『正則関数』では，実変数のいくつかの関数が複素平面，あるいは複素平面内の領域上の正則関数に拡張できることを見てきた．たとえば e^z, $\sin z$, $\cos z$, $\log z$, z^a などである．ここでは，ガンマ関数とゼータ関数を複素平面上の有理型関数に拡張できることを解説する．ガンマ関数もゼータ関数も有用な関数で，特にゼータ関数についてはリーマン予想と呼ばれる問題が有名である．

126 第 7 章 有理拡張で得られる有理型関数

7.1 複素変数のガンマ関数

ガンマ関数は正の整数に対して定義された階乗を，複素平面上の
有理型関数に拡張したものである．まず次のことに注意する．

$$n! = \int_0^\infty e^{-t} t^n dt \tag{7.1}$$

これは部分積分を用いて，次のようにして証明される．

$$\int_0^\infty e^{-t} t^n dt = \int_0^\infty (-e^{-t})' t^n dt = \left[-e^{-t} t^n \right]_0^\infty + n \int_0^\infty e^{-t} t^{n-1} dt$$
$$= n \int_0^\infty e^{-t} t^{n-1} dt.$$

同様に部分積分を用いて

$$n \int_0^\infty e^{-t} t^{n-1} dt - n(n-1) \int_0^\infty e^{-t} t^{n-2} dt.$$

この議論を続ければ

$$\int_0^\infty e^{-t} t^n dt = n(n-1) \cdots 1 \cdot \int_0^\infty e^{-t} dt = n!$$

が得られる．

(7.1) の右辺は階乗の積分表示式であるとみなせる．そこで，こ
の積分表示式を用いて，階乗を複素平面上の有理型関数に拡張して
いく．

まず，n を正の整数でなく，形式的に複素数に置き換え，

$$\Gamma(z) = \int_0^\infty e^{-t} t^{z-1} dt \tag{7.2}$$

とする（t^z ではなく t^{z-1} としておく．したがって $\Gamma(n) = (n-1)!$
である）．ここで t^{z-1} は，$t > 0$ に対して

$$t^{z-1} = \exp\left((z-1)\operatorname{Log} t\right)$$

により定義する. 明らかに $z = s > 0$ の場合は, 実変数関数としての t^{s-1} と一致する. ここで, (7.2) の右辺の広義積分が収束すれば $\Gamma(z)$ が定義される. なお一般に複素数値関数 $f(t)$ の広義積分が収束するとは, $\operatorname{Re} f(t)$ と $\operatorname{Im} f(t)$ の広義積分の両方が収束することを意味する.

まず $\operatorname{Re} z > 0$ のときに (7.2) の右辺の広義積分が収束し, $\Gamma(z)$ は右半平面 $\Pi = \{z \in \boldsymbol{C} : \operatorname{Re} z > 0\}$ 上で正則になることを示す.

定理 7.1

$z \in \boldsymbol{C}$, $\operatorname{Re} z > 0$ に対して, 広義積分

$$\Gamma(z) = \int_0^\infty t^{z-1} e^{-t} dt$$

は収束し, $\Gamma(z)$ は右半平面 Π 上で正則である. 1 以上の整数 n に対して $\Gamma(n) = (n-1)!$ である.

この定理のために次の補題を証明しておく.

補題 7.2

$n \geq 2$ を自然数とする. $z \in \boldsymbol{C}$ に対して,

$$\Gamma_n(z) = \int_{1/n}^n t^{z-1} e^{-t} dt$$

とする. このとき, $\Gamma_n(z)$ は整関数である.

[証明] $z = x + iy$ とすると, $\dfrac{1}{n} \leq t \leq n$ に対して

$$t^{z-1}e^{-t} = \exp\left((z-1)\log_{\mathbf{R}} t\right)e^{-t}$$
$$= \exp\left((x-1)\log_{\mathbf{R}} t + iy\log_{\mathbf{R}} t\right)e^{-t}$$
$$= e^{(x-1)\log_R t}e^{iy\log_R t}e^{-t}. \tag{7.3}$$

したがって,

$$\frac{\partial}{\partial x}t^{z-1}e^{-t} = e^{(x-1)\log_R t}e^{iy\log_R t}e^{-t}\log_{\mathbf{R}} t, \tag{7.4}$$

$$\frac{\partial}{\partial y}t^{z-1}e^{-t} = ic^{(x-1)\log_R t}e^{iy\log_R t}e^{-t}\log_{\mathbf{R}} t \tag{7.5}$$

である. ゆえに積分と微分の順序交換に関する定理（定理 A.3 参照）を使えて

$$\frac{\partial}{\partial \bar{z}}\Gamma_n(z) = \int_{1/n}^{n}\frac{\partial}{\partial \bar{z}}t^{z-1}e^{-t}dt$$

を得る. ここで, (7.4), (7.5) より

$$\frac{\partial}{\partial \bar{z}}t^{z-1}e^{-t} = \frac{1}{2}\left(\frac{\partial}{\partial x} - \frac{1}{i}\frac{\partial}{\partial y}\right)t^{z-1}e^{-t} = 0$$

である. ゆえに $\frac{\partial}{\partial \bar{z}}\Gamma_n(z) = 0$ となり, 補題が証明された. $\qquad\square$

[定理 7.1 の証明] 任意に $R > 2$ をとる. $0 < s \le R$ に対して, R にのみに依存する定数 C_R で,

$$t^{s-1} \le C_R e^{t/2} \quad (t \ge 1) \tag{7.6}$$

をみたすものが存在する（このことを証明せよ）. $z = x + iy$ とする. $\frac{1}{R} < \operatorname{Re} z = x < R$ とする. このとき

$$\int_0^{\infty}\left|t^{z-1}e^{-t}\right|dt = \int_0^1 t^{x-1}e^{-t}dt + \int_1^{\infty}t^{x-1}e^{-t}dt$$
$$< \int_0^1 t^{x-1}dx + C_R\int_1^{\infty}e^{-t/2}dt < +\infty$$

である. ゆえに広義積分

$$\Gamma(z) = \int_0^\infty t^{z-1} e^{-t} dt$$

は収束する. m, n を $m > n$ をみたす自然数とすると

$$
\begin{aligned}
|\Gamma_m(z) - \Gamma_n(z)| &\leq \int_n^m t^{x-1} e^{-t} dt + \int_{1/m}^{1/n} t^{x-1} e^{-t} dt \\
&\leq C_R \int_n^m e^{-t/2} dt + \int_{1/m}^{1/n} t^{x-1} dt \\
&= 2C_R \left(e^{-\frac{1}{2}n} - e^{-\frac{1}{2}m} \right) + \frac{n^{-x} - m^{-x}}{x} \\
&< 2C_R e^{-\frac{1}{2}n} + \frac{R}{n^{1/R}} \to 0 \ (m > n \to \infty).
\end{aligned}
$$

ここで最後の項は z に依存していないから, $\Gamma_n(z)$ は, $\Gamma(z)$ に $\dfrac{1}{R} < \operatorname{Re} z < R$ において一様収束していることがわかる. R は 2 より大きい任意の実数でよかったから, $\Gamma_n(z)$ は $\Gamma(z)$ に右半平面 Π で広義一様収束している. ゆえに $\Gamma(z)$ は Π で正則である. □

このように右半平面までは, 積分表示式の積分可能性に基づいて正則関数として拡張できた. さらに右半平面を超えて定義できることを示す. ポイントとなるのは次の関係式である.

定理 7.3

$z \in \boldsymbol{C}$, $\operatorname{Re} z > 0$ に対して

$$\Gamma(z+1) = z\Gamma(z).$$

[証明] $z = x + iy$, $x > 0$ とする. 記号を簡素化するため, $t > 0$ に対して $\log_{\boldsymbol{R}} t = \log t$ と表す. $x > 0$ より, $\left| t^z e^{-t} \right| = e^{x \log t} e^{-t} \to 0$ $(t \to 0)$ であり, $\left| t^z e^{-t} \right| = e^{(x \log t - t)} \to 0$ $(t \to \infty)$ である. また

130　第 7 章　有理拡張で得られる有理型関数

$$
\frac{d}{dt}t^z = \frac{d}{dt}e^{x\log t}e^{iy\log t} = \frac{d}{dt}t^x e^{iy\log t} = t^{x+iy-1}(x+iy)
$$
$$
= zt^{z-1}
$$

である. ゆえに

$$
\Gamma(z+1) = \int_0^\infty t^z e^{-t}dt = -\int_0^\infty t^z \frac{d}{dt}e^{-t}dt
$$
$$
= -\left[t^z e^{-t}\right]_{t=0}^\infty + \int_0^\infty \left(\frac{d}{dt}t^z\right)e^{-t}dt
$$
$$
= z\int_0^\infty t^{z-1}e^{-t}dt = z\Gamma(z). \qquad \square
$$

　この関係式を用いて，ガンマ関数をさらに $\mathrm{Re}\,z \le 0$ の範囲に拡張していこう. ただし，この範囲では正則関数ではなく，有理型関数となる.

　$\mathrm{Re}\,z > 0$ と正の整数 m に対しては

$$
\Gamma(z+m) = (z+m-1)\Gamma(z+m-1) = \cdots
$$
$$
= (z+m-1)(z+m-2)\cdots z\Gamma(z)
$$

となっている. したがって $\mathrm{Re}\,z > 0$ に対しては

$$
\Gamma(z) = \frac{\Gamma(z+m)}{(z+m-1)(z+m-2)\cdots z} \qquad (7.7)
$$

が成り立っている. ここで右辺の関数

$$
\frac{\Gamma(z+m)}{(z+m-1)(z+m-2)\cdots z}
$$

の分子は $\mathrm{Re}\,z > -m$ において正則であり，分母は $z = -m+1$, $-m+2,\ldots,0$ に 1 位の零点をもっている. (7.1) より，これらの整数点では $\Gamma(z+m)$ は 0 ではないので，$\mathrm{Re}\,z > -m$ に対して

$$
\Gamma_m(z) = \frac{\Gamma(z+m)}{(z+m-1)(z+m-2)\cdots z}
$$

とおくと，$\Gamma_m(z)$ は $\mathrm{Re}\, z > -m$ での有理型関数で，$z = -m+1,$ $\ldots, 0$ を 1 位の極としている．

正の整数 $m' > m$ をとる．このとき，$\Gamma_{m'}(z)$ も $\Gamma_m(z)$ も領域

$$\Omega_m = \{z \in \boldsymbol{C} : \mathrm{Re}\, z > -m\} \smallsetminus \{-m+1, \ldots, 0\}$$

においては正則である．また，$\mathrm{Re}\, z > 0$ では，(7.7) より $\Gamma_{m'}(z)$ $= \Gamma_m(z)$ であり，したがって一致の定理より

$$\Gamma_{m'}(z) = \Gamma_m(z) \ (z \in \Omega_m)$$

が成り立っている．このことから，$z \in \boldsymbol{C}$ の場合，$\mathrm{Re}\, z > -m$ なる正の整数 m をとり，

$$\Gamma(z) = \Gamma_m(z)$$

と定義してもこの定義は整合性をもつ．このように定義した関数 $\Gamma(z)$ もガンマ関数とよぶ．

定理 7.4

ガンマ関数 $\Gamma(z)$ は $\boldsymbol{C}$ 上の有理型関数であり，$-m$（m は 0 以上の整数）において 1 位の極をもち，極以外の点で関係式

$$\Gamma(z+1) = z\Gamma(z)$$

をみたす．また，極での留数は

$$\mathrm{Res}\, (\Gamma; -m) = \frac{(-1)^m}{m!}$$

である．

[証明]　留数に関する主張以外はすでに証明したことから明らかである．極は 1 位であるから，留数は

132 第7章 有理拡張で得られる有理型関数

$$\lim_{z \to -m} (z+m)\Gamma(z) = \lim_{z \to -m} \frac{\Gamma(z+m+1)}{(z+m-1)\cdots z} = \frac{(-1)^m}{m!}$$

である. □

7.2 ガンマ関数の乗積表示

本節ではガンマ関数に関する有用な公式をいくつか示す.

ガンマ関数 $\Gamma(z)$ は非正の整数点を1位の極とする C 上の有理型関数である. 前章で示したように無限積

$$z \prod_{n=1}^{\infty} \left(1 + \frac{z}{n}\right) e^{-z/n}$$

は非正の整数点に1位の零点をもつ整関数である（例 6.13 参照）. この関数と $\frac{1}{\Gamma(z)}$ との関係を調べる.

結論を先に述べれば，次のようになっている. 微分積分学において，次の極限

$$\gamma = \lim_{n \to \infty} \left(1 + \frac{1}{2} + \cdots + \frac{1}{n} - \log n\right)$$

が存在することが知られており，γ はオイラー定数と呼ばれている[1]. 次の定理が成り立つ.

定理7.5

$z \in C \setminus \{0, -1, -2, \ldots\}$ において次が成り立つ.

---

1) たとえば入江他 [8, p.164] 参照.

$$\Gamma(z) = \lim_{n \to \infty} \frac{n! n^z}{z(z+1) \cdots (z+n)} \quad \text{(ガウスの乗積公式)},$$

$$\frac{1}{\Gamma(z)} = e^{\gamma z} z \prod_{n=1}^{\infty} \left(1 + \frac{z}{n}\right) e^{-z/n}.$$

この定理を証明する．まず次の補題を示す．

補題 7.6

$x > 0$ と正の整数 n に対して

$$\int_0^n \left(1 - \frac{t}{n}\right)^n t^{x-1} dt = \frac{n! n^x}{x(x+1) \cdots (x+n)}, \quad (7.8)$$

$$\lim_{n \to \infty} \int_0^n \left(1 - \frac{t}{n}\right)^n t^{x-1} dt = \int_0^\infty e^{-t} t^{x-1} dx. \quad (7.9)$$

[証明] $s = \dfrac{t}{n}$ で置換積分をした後，部分積分を繰り返せば

$$\begin{aligned}
\int_0^n \left(1 - \frac{t}{n}\right)^n t^{x-1} dt &= n^x \int_0^1 (1-s)^n s^{x-1} ds \\
&= \frac{n^x}{x} \left[(1-s)^n s^x\right]_{s=0}^1 + \frac{n^x n}{x} \int_0^1 (1-s)^{n-1} s^x ds \\
&= \frac{n^x n}{x} \int_0^1 (1-s)^{n-1} s^x ds \\
&= \cdots = \frac{n^x n!}{x(x+1) \cdots (x+n-1)} \int_0^1 s^{x+n-1} ds \\
&= \frac{n! n^x}{x(x+1) \cdots (x+n)}.
\end{aligned}$$

二番目の等式を示す．そのためには $n \to \infty$ のときに

$$\int_0^\infty e^{-t} t^{x-1} dt - \int_0^n \left(1 - \frac{t}{n}\right)^n t^{x-1} dt$$
$$= \int_n^\infty e^{-t} t^{x-1} dt + \int_0^n \left\{ e^{-t} - \left(1 - \frac{t}{n}\right)^n \right\} t^{x-1} dt \to 0$$

となることを示せばよい. $-1 < a < \infty$ に対して, $e^{-t} t^a$ は t に関して $(0, \infty)$ で広義リーマン積分可能であるから

$$\lim_{n \to \infty} \int_n^\infty e^{-t} t^{x-1} dt = 0.$$

また

$$\int_0^n \left\{ e^{-t} - \left(1 - \frac{t}{n}\right)^n \right\} t^{x-1} dt$$
$$= \int_0^n e^{-t} \left(1 - e^t \left(1 - \frac{t}{n}\right)^n \right) t^{x-1} dt$$
$$\leq \int_0^n e^{-t} \left(1 - \left(1 + \frac{t}{n}\right)^n \left(1 - \frac{t}{n}\right)^n \right) t^{x-1} dt$$
$$= \int_0^n e^{-t} \left(1 - \left(1 - \frac{t^2}{n^2}\right)^n \right) t^{x-1} dt \leq \int_0^n e^{-t} \frac{t^2}{n} t^{x-1} dt$$
$$= \frac{1}{n} \int_0^\infty e^{-t} t^{x+1} dt \to 0 \ (n \to \infty).$$

よって補題が証明された. $\qquad\qquad\square$

[定理 7.5 の証明]

$$F(z) = z e^{\gamma z} \prod_{n=1}^\infty \left(1 + \frac{z}{n}\right) e^{-z/n},$$
$$F_n(z) = z \exp\left(\left(1 + \frac{1}{2} + \cdots + \frac{1}{n} - \log n\right) z \right) \prod_{k=1}^n \left(1 + \frac{z}{k}\right) e^{-z/k}$$

とおく. このとき, 例 6.13 より, $F_n(z)$ が $\boldsymbol{C}$ 上で関数 $F(z)$ に広義一様収束している. ここで,

$$F_n(z) = z \prod_{k=1}^{n} \left(1 + \frac{z}{k}\right) e^z e^{z/2} \cdots e^{z/n} e^{\log n^{-z}} \prod_{k=1}^{n} e^{-z/k}$$

$$= z \prod_{k=1}^{n} \left(1 + \frac{z}{k}\right) n^{-z} = \frac{z(z+1) \cdots (z+n)}{n! n^z}$$

である．したがって，

$$F(z) = \lim_{n \to \infty} F_n(z) = \lim_{n \to \infty} \frac{z(z+1) \cdots (z+n)}{n! n^z}$$

となっている．ゆえに補題 7.6 から，

$$\Gamma(x) = \frac{1}{F(x)} \quad (x > 0)$$

が得られる．したがって一致の定理から，

$$\Gamma(z) = \frac{1}{F(z)} \quad (z \in \boldsymbol{C} \smallsetminus \{0, -1, -2, \ldots\})$$

が成り立つ． $\square$

定理 7.5 から次の公式が導かれる．

定理 7.7 **オイラーの相補公式**

$z \in \boldsymbol{C} \smallsetminus \boldsymbol{Z}$ に対して

$$\Gamma(z)\Gamma(1-z) = \frac{\pi}{\sin \pi z}.$$

[証明] 定理 7.5 の証明で定義した F_n について，

136　第 7 章　有理拡張で得られる有理型関数

$$
\begin{aligned}
F_n(z)F_n(1-z) &= \frac{z(z+1)\cdots(z+n)}{n!n^z}\,\frac{(1-z)(2-z)\cdots(n+1-z)}{n!n^{1-z}} \\
&= \frac{z(n+1-z)}{n!n!n}\left(1-z^2\right)\left(2^2-z^2\right)\cdots\left(n^2-z^2\right) \\
&= \frac{z(n+1-z)}{n}\left(1-\frac{z^2}{1}\right)\left(1-\frac{z^2}{2^2}\right)\cdots\left(1-\frac{z^2}{n^2}\right) \\
&\to z\prod_{n=1}^{\infty}\left(1-\frac{z^2}{n^2}\right) \quad (n\to\infty).
\end{aligned}
$$

ゆえに定理 6.10 より定理が示される. □

定理 7.8　**ルジャンドルの公式**

$$
\Gamma\left(\frac{z}{2}\right)\Gamma\left(\frac{z+1}{2}\right) = \frac{\sqrt{\pi}}{2^{z-1}}\Gamma(z)
$$

[証明]　$f(z) = \dfrac{2^{z-1}}{\sqrt{\pi}}\Gamma\left(\dfrac{z}{2}\right)\Gamma\left(\dfrac{z+1}{2}\right)$ とおく. $f(z) = \Gamma(z)$ を証明する. z が $m = 2n$ $(n = 0, 1, \ldots)$ のときは, $-\dfrac{m}{2} = -n$ であり, $m = 2n+1$ のときは $\dfrac{-m+1}{2} = -n$ であるから, $f(z)$ は正でない整数点で 1 位の極をもつ. 極でない点では

$$
\begin{aligned}
f(z+1) &= \frac{2^z}{\sqrt{\pi}}\Gamma\left(\frac{z+1}{2}\right)\Gamma\left(\frac{z}{2}+1\right) = z\frac{2^{z-1}}{\sqrt{\pi}}\Gamma\left(\frac{z+1}{2}\right)\Gamma\left(\frac{z}{2}\right) \\
&= zf(z)
\end{aligned}
$$

が成り立つ. また定理 7.7 より

$$
f(1) = \frac{1}{\sqrt{\pi}}\Gamma\left(\frac{1}{2}\right) = \frac{1}{\sqrt{\pi}}\sqrt{\frac{\pi}{\sin(\pi/2)}} = 1
$$

である. ゆえに

$$\operatorname{Res}(f;-n) = \lim_{z \to -n} (z+n) f(z)$$
$$= \lim_{z \to -n} (z+n) \frac{(z+n-1)\cdots z}{(z+n-1)\cdots z} f(z)$$
$$= \lim_{z \to -n} \frac{f(z+n+1)}{(z+n-1)\cdots z} = \frac{(-1)^n}{n!}.$$

したがって，f と Γ は同じ主要部をもつ．$g(z) = f(z) - \Gamma(z)$ とおくと，g は整関数で，$g(z+1) = zg(z)$ をみたす．以下では $g = 0$ を示す．

(7.6) と $t^{-1/2}$ が $[0,1]$ で絶対積分可能であることより $\Gamma(z)$ は $\frac{1}{2} \le \operatorname{Re} z \le 2$ で有界である．ゆえに $f(z)$ の定義から，$f(z)$ は $1 \le \operatorname{Re} z \le 2$ で有界である．したがって $g(z)$ は $1 \le \operatorname{Re} z \le 2$ で有界である．

次に $g(z)$ が $0 \le \operatorname{Re} z \le 1$ で有界であることを示す．g は $\boldsymbol{C}$ 上で連続であるから，$\{z \in \boldsymbol{C} : 0 \le \operatorname{Re} z \le 1, |\operatorname{Im} z| \le 1\}$ 上で $g(z)$ は有界である．また $\{z \in \boldsymbol{C} : 0 \le \operatorname{Re} z \le 1, |\operatorname{Im} z| > 1\}$ 上では，$g(z) = \frac{g(z+1)}{z}$ より有界である．ゆえに，$g(z)$ は $0 \le \operatorname{Re} z \le 1$ で有界である．したがって

$$G(z) = g(z)g(1-z)$$

とおくと，G は $0 \le \operatorname{Re} z \le 1$ で有界な整関数である．$G(z+1) = G(-z) = -G(z)$ であるから，これを繰り返し使って $G(z)$ が $\boldsymbol{C}$ 上で有界であることがわかる．したがってリュービルの定理から G は定数であるが，$g(1) = 0$ より $G = 0$ である．これより $g = 0$ が得られる．　　　　　　　　　　　　　　　　　　　　　　　　　　　□

問題7.1　ガンマ関数は零点をもつか？

138　第 7 章　有理拡張で得られる有理型関数

7.3　ゼータ関数

次のような形式的な級数を考える[2].

$$\zeta(s) = \sum_{n=1}^{\infty} \frac{1}{n^s} \qquad (7.10)$$

いま，$s = \sigma + it \ (\sigma, t \in \boldsymbol{R})$ と表すと

$$\left| \frac{1}{n^s} \right| = e^{-\sigma \log n} = \frac{1}{n^\sigma}$$

であるから，少なくとも領域 $\{s \in \boldsymbol{C} : \operatorname{Re} s > 1\}$ において，(7.10)
の右辺の級数は広義一様収束し，s を変数とする正則関数になって
いる．以下の目標はこの関数が複素平面上の有理型関数に拡張でき
ることを示すことである．その方法はいくつか知られているが，こ
こでは積分表示式を用いた拡張の方法を解説する．$\operatorname{Re} s > 1$ に対
して，(7.10) で定義される s の関数，あるいはそれを $\boldsymbol{C}$ 上の有理
型関数に拡張したものをリーマンのゼータ関数，あるいは単にゼー
タ関数という．

　本書では立ち入らないが，ゼータ関数は素数の研究に使われる．
ここではゼータ関数と素数との関連を示す一つの関係式を示すに留
めておく．$\boldsymbol{P} = \{p_k\}_{k=1}^{\infty}$ により素数全体のなす集合を表し，

$$p_1 < p_2 < p_3 < \cdots$$

であるとする．次のことが成り立つ．

---

2)　形式的な級数とは，収束などを考えずに単なる記号として和の形に記したものであ
　る．

7.3 ゼータ関数　139

> ### 定理 7.9
>
> $\operatorname{Re} s > 1$ のとき,
>
> $$\zeta(s) = \prod_{n=1}^{\infty} \frac{1}{1 - p_n^{-s}}.$$

[証明]　$p \in \boldsymbol{P}$ に対して, 等比級数の和は

$$\sum_{k=0}^{\infty} p^{-ks} = \frac{1}{1 - p^{-s}}$$

である. したがって, 実数の級数の積に関するコーシーの定理[3]を使えば,

$$\prod_{n=1}^{2} \frac{1}{1 - p_n^{-s}} = \sum_{k=0}^{\infty} p_1^{-ks} \sum_{k=0}^{\infty} p_2^{-ks} = \sum_{n=0}^{\infty} \left(\sum_{\nu=0}^{n} \left(p_1^{\nu} p_2^{n-\nu} \right)^{-s} \right)$$
$$= \sum_{n_1, n_2 = 0}^{\infty} \left(p_1^{n_1} p_2^{n_2} \right)^{-s}.$$

この議論を繰り返して

$$\prod_{n=1}^{N} \frac{1}{1 - p_n^{-s}} = \sum_{n_1, \ldots, n_N = 0}^{\infty} \left(p_1^{n_1} \cdots p_N^{n_N} \right)^{-s}$$

を得る. P_N により $p_1, \ldots, p_N$ のいずれかを素因数にもつ正の整数全体のなす集合を表すとすると,

$$\prod_{n=1}^{N} \frac{1}{1 - p_n^{-s}} = \sum_{n \in P_N} \frac{1}{n^s}$$

---

3)　たとえば入江他 [8, p.47, 定理 26].

140　第 7 章　有理拡張で得られる有理型関数

である．整数は素因数分解できるから，$N \to \infty$ として定理を得る．

□

7.4　ゼータ関数の有理接続

ゼータ関数は $\mathrm{Re}\, s > 1$ 上の正則関数であるが，これを $\boldsymbol{C}$ 上の有理型関数に拡張する．本節の目標は次の定理を証明することである．

定理 7.10　（リーマン）

複素平面内の点 1 を 1 位の極とする $\boldsymbol{C}$ 上の有理型関数 $F(s)$ で，

$$F(s) = \zeta(s) \quad (s \in \boldsymbol{C},\ \mathrm{Re}\, s > 1)$$

をみたすものが一意的に存在する．$F(s)$ を改めて $\zeta(s)$ により表す．

この定理を証明するためにいくつかの準備をしておく．

リーマンは $\zeta(s)$ を $\boldsymbol{C}$ へ有理拡張する際，関数 $\dfrac{(-z)^{s-1}}{e^z - 1}$ のある複素積分（後述）を考察した（[14]，[7] 参照）．まず関数 $(-z)^s$ に関する予備的事項を記しておく．$f(z) = -z$ は単連結領域 $\boldsymbol{C} \setminus [0, +\infty)$ 上に零点をもたない正則関数である．$\log(-z)$ により $\boldsymbol{C} \setminus [0, +\infty)$ 上で定義された $f(z)$ の対数関数の分枝で，$x \in (-\infty, 0)$ のとき $\log(-x)$ が正の実数 $-x$ に対して定義される実変数関数としての対数関数 $\log_{\boldsymbol{R}}(-x)$ と一致するものとする．これは次のように表せる．$z \in \boldsymbol{C} \setminus [0, +\infty)$ に対して $z = |z|\, e^{it + i\pi}\ (-\pi < t < \pi)$ とする

とき，$\log(-z) = \log_{\boldsymbol{R}}|-z| + it = \log_{\boldsymbol{R}}|z| + it$ である（このことを示せ（解答例は巻末の問題解答参照））．実際，$z = x \in (-\infty, 0)$ のときは，$t = 0$ であり，$\log(-z) = \log_{\boldsymbol{R}}|-x| = \log_{\boldsymbol{R}}(-x)$ となっている．

$s \in \boldsymbol{C}$ に対して $-z$ のべき乗の分枝

$$(-z)^s = e^{s\log(-z)}$$

を考える．これは z に関しては，$\boldsymbol{C} \smallsetminus [0, +\infty)$ 上の正則関数であり，s に関しては整関数である．

以下の議論では $(-z)^s$ の $(0, +\infty)$ 上での値を適切に定めておく必要がある．それを次のように定める．$x \in (0, +\infty)$ を $z = x + iy$ $(y > 0)$ の $y \to 0$ としたときの極限点とすると，$z = |z|e^{it+i\pi}$ $(-\pi < t < \pi)$ と表せるから，$|z| \to x$ であり，$t \to -\pi$ であるから，$\log(-z) \to \log_{\boldsymbol{R}} x - i\pi$ である．そこで

$$(-x)^s = \lim_{y>0, y\to 0} (-(x+iy))^s = e^{s(\log_R x - i\pi)}$$

と定める．本書では便宜上，$(0, +\infty)$ の各点 x を $z = x + iy$ $(y > 0)$ の $y \to 0$ としたときの極限点と考えたとき，これを分枝 $(-z)^\alpha$ の上からの切り込み線（あるいは上側の岸）と呼ぶ[4]．

また，$x \in (0, +\infty)$ を $z = x + iy$ $(y < 0)$ の $y \to 0$ としたときの極限点とすると，上の表記において $|z| \to x$ であり，$t \to \pi$ であるから，$\log(-z) \to \log_{\boldsymbol{R}} x + i\pi$ である．そこで

$$(-x)^s = \lim_{y<0, y\to 0} (-(x+iy))^s = e^{s(\log_R x + i\pi)}$$

と定める．本書では便宜上，$(0, +\infty)$ の各点 x を $z = x + iy$ $(y < 0)$ の $y \to 0$ としたときの極限点と考えたとき，これを分枝 $(-z)^\alpha$

4）リーマン面に関する議論につなげた方がよいかもしれないが，本書ではリーマン面には立ち入らない．

の下からの切り込み線（あるいは下側の岸）と呼ぶ．

この切り込み線を部分的に含む次のような路を考える（図 7-1）．$0 < r_1 < r_2 < +\infty$ とし，C_1 を r_1 から r_2 への $(-z)^{s-1}$ の上からの切り込み線上の線分とし，C_3 を r_2 から r_1 への $(-z)^s$ の下からの切り込み線上の線分とする．また，C_2 を C_1 上の点 r_2（上からの切り込み線上の r_2）から，中心 0，半径 r_2 の円周上を反時計回りに C_3 上の点 r_2（下からの切り込み線上の r_2）に向かう曲線とし，C_4 を C_3 上の点 r_1 から，中心 0，半径 r_1 の円周上を時計回りに C_1 上の点 r_1 に向かう曲線とする．これらの曲線を順に接続した曲線を

$$C = C_1 + C_2 + C_3 + C_4 \tag{7.11}$$

とする．$(-x)^s$ は C_1 上で考えるときと，C_3 上で考えるときでは異なった値になる．ただし，閉区間 $[r_1, r_2]$ を含む $\boldsymbol{C}$ の開集合上で定義された連続関数 g に対しては，$x \in [r_1, r_2]$ に対して

$$\lim_{x' \to x,\, y > 0,\, y \to 0} g(x' + iy) = \lim_{x' \to x,\, y < 0,\, y \to 0} g(x' + iy)$$

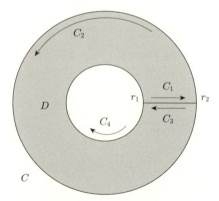

図 7-1　$C = C_1 + C_2 + C_3 + C_4$．$D$ は C で囲まれる領域．ただし C_1 は分枝 $(-z)^s$ の上からの切り込み線，C_3 は下からの切り込み線上にあるものとする．

7.4 ゼータ関数の有理接続 143

であるから，$[r_1, r_2]$ を上からの切り込み線上の線分と考えても，下からの切り込み線上の線分と考えても g は同じ値をとっていることに注意しておく．

次のことが成り立つ．

定理 7.11

$g(z)$ を円環 $\{z \in \boldsymbol{C} : r_1 \leq |z| \leq r_2\}$ を含むある開集合合上の正則関数とする．このとき，上記の曲線 C に関して

$$\int_C (-z)^s g(z) dz = 0$$

である．

[証明] 十分小さな $\varepsilon > 0$ に対して

$$C_{1,\varepsilon} : re^{i\varepsilon}, \ r \in [r_1, r_2],$$
$$C_{2,\varepsilon} : r_2 e^{i\theta}, \ \theta \in [\varepsilon, 2\pi - \varepsilon],$$
$$C_{3,\varepsilon} : (r_1 + r_2 - r) e^{i(2\pi - \varepsilon)}, \ r \in [r_1, r_2],$$
$$C_{4,\varepsilon} : r_1 e^{i(2\pi - \theta)}, \ \theta \in [\varepsilon, 2\pi - \varepsilon]$$

とし，これらの曲線を順に接続した曲線を C_ε とする（図 7-2 参照，例 3.8 の証明中の図と同じ）．C_ε で囲まれた領域を D_ε とすると，$D_\varepsilon \cup C_\varepsilon \subset \boldsymbol{C} \smallsetminus [0, +\infty)$ であるから，$(-z)^s g(z)$ は $D_\varepsilon \cup C_\varepsilon$ を含むある開集合上で正則である．したがって，コーシーの定理より

$$\int_{C_\varepsilon} (-z)^s g(z) dz = 0$$

である．ゆえに C_1, C_3 の定め方より

$$\int_C (-z)^s g(z) dz = \lim_{\varepsilon \to 0} \int_{C_\varepsilon} (-z)^s g(z) dz = 0$$

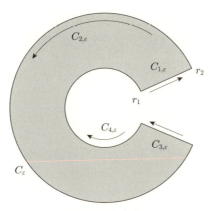

図 **7-2** 積分路.

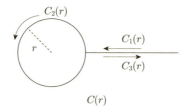

図 **7-3** $\varphi_r(s)$ を定義する複素積分の経路.

である. □

　さて，$r > 0$ とし，図 7-3 のように $C_1(r)$ を $+\infty$ から r までの $(-z)^s$ の上からの切り込み線上の半直線，$C_3(r)$ を r から $+\infty$ への $(-z)^s$ の下からの切り込み線上の半直線とし，$r \in C_1(r)$ から中心 0，半径 r の円上を一回転して，$r \in C_3(r)$ に至る路を $C_2(r)$ とする．$C_1(r), C_2(r), C_3(r)$ を接続した路を $C(r)$ とし（図 7-3 参照），

$$\varphi_r(s) = \frac{1}{2\pi i} \int_{C(r)} \frac{(-z)^{s-1}}{e^z - 1} dz$$

を考える．

　いま $0 < r_1 < r_2 \leq 1$ とし，図 7-1 で定めた路を C とすると，

$e^z - 1$ は $\{z \in \boldsymbol{C} : r_1 \le |z| \le r_2\}$ を含む十分小さな開集合内に零点をもたないから，定理 7.11 より

$$\varphi_{r_2}(s) - \varphi_{r_1}(s) = \frac{1}{2\pi i} \int_C \frac{(-z)^{s-1}}{e^z - 1} dz = 0$$

である．そこで

$$\varphi(s) = \varphi_r(s) \quad (0 < r \le 1)$$

とおく．次のことが成り立つ．

補題 7.12

$\varphi(s)$ は s に関して整関数である．

[証明] $0 < r < 1$ とする．補題を示すには，任意の $R > 0$ に対して

$$G_j(s) = \int_{C_j(r)} \frac{(-z)^{s-1}}{e^z - 1} dz \quad (j = 1, 2, 3) \tag{7.12}$$

が s に関して $D(0, R)$ 上で正則になっていることを示せばよい．形式的な議論をすれば，$(-z)^{s-1} = e^{(s-1)\log(-z)}$ が s に関して正則であるから，

$$\frac{\partial}{\partial \overline{s}} G_j(s) = \int_{C_j(r)} \frac{\partial}{\partial \overline{s}} \frac{(-z)^{s-1}}{e^z - 1} dz = \int_{C_j(r)} 0 \, dz = 0 \tag{7.13}$$

より結論が導かれるということである．しかし実際は微分記号と積分記号の交換に関して厳密な議論が必要である．以下ではそれを行う．

まず $G_2(s)$ から始める．$e^z - 1$ は $C_2(r)$ 上では零点をもたないから，$z = re^{i(\theta+\pi)}$ $(\theta \in [-\pi, \pi])$ として，$\dfrac{(-z)^{s-1}}{e^z - 1}$ は $(s, \theta) \in D(0, R) \times [-\pi, \pi]$ に関して連続である（ただし，$-\pi$ での右側極限と π での左側極限は異なる）．$s = \sigma + i\tau$ とおくと，$(-z)^{s-1} = e^{(s-1)\log(-z)} = e^{(\sigma-1)\log(-z)} e^{i\tau \log(-z)}$ より

$$\frac{\partial}{\partial \sigma}(-z)^{s-1} = (\log(-z))(-z)^{s-1},$$

$$\frac{\partial}{\partial \tau}(-z)^{s-1} = i(\log(-z))(-z)^{s-1}$$

であり，どちらも $(s, \theta) \in D(0, R) \times [-\pi, \pi]$ に関して連続である．ゆえに定理 A.3 が使えて $j = 2$ に対して (7.13) が成り立つ．

$C_1(r)$ は無限区間上の積分なので，有限区間で近似する方法をとる．任意の自然数 $N > r$ に対して，$\gamma_{1,N}$ を $C_1(r)$ 上を N から r まで進む路とする．このとき，$e^z - 1$ は $\gamma_{1,N}$ 上で零点をもたないから，$C_2(r)$ のときと同様の議論により

$$G_{1,N}(s) = \int_{\gamma_{1,N}} \frac{(-z)^{s-1}}{e^z - 1} dz$$

が s に関して $D(0, R)$ 上で正則になっていることがわかる．いま $(-z)^{s-1}$ の上から切り込み線上では $(-x)^{s-1} = e^{(s-1)(\log_R x - i\pi)}$ であるから，

$$|G_1(s) - G_{1,N}(s)|$$
$$\leq \int_N^\infty \left| \frac{e^{(s-1)(\log_R x - i\pi)}}{e^x - 1} \right| dx = \int_N^\infty \frac{e^{(\operatorname{Re} s - 1)\log_R x} e^{\pi \operatorname{Im} s}}{e^x - 1} dx$$
$$\leq e^{R\pi} \int_N^\infty \frac{x^{(\operatorname{Re} s - 1)}}{e^x - 1} dx = e^{R\pi} \int_N^\infty \frac{x^{(\operatorname{Re} s - 1)} e^{-x/2}}{e^{x/2} - e^{-x/2}} dx$$
$$\leq \frac{e^{R\pi} N^{-1}}{e^{N/2} - e^{-N/2}} \int_N^\infty x^R e^{-x/2} dx \to 0 \ (N \to \infty)$$

である（ここで最後の極限は $\int_1^\infty x^R e^{-x/2} dx < +\infty$ を用いて導かれる）．なおここで上式の最後の行の項は s に依存していないことに注意すると，これより $D(0, R)$ 上の正則関数 $G_{1,N}(s)$ が $G_1(s)$ に $D(0, R)$ 上で一様収束していることがわかる．ゆえに $G_1(s)$ は $D(0, R)$ 上で正則である．同様の議論で $G_3(s)$ も $D(0, R)$ 上で正則であることも示せる．

以上より $\varphi_r(s)$ は $D(0, R)$ 上で正則であることが証明された．ここ

で R は任意の正数であったから，$\varphi_r(s)$ は整関数である． $\square$

次のことを証明する．

補題 7.13

$s \in \mathbf{C}$, $\mathrm{Re}\, s > 1$ のとき，

$$\varphi(s) = \lim_{r \to 0} \varphi_r(s) = -\frac{\sin(\pi s)}{\pi} \int_0^\infty \frac{x^{s-1}}{e^x - 1} dx.$$

[証明] 次が成り立つ．

$$\frac{1}{2\pi i} \int_{C_1(r)} \frac{(-z)^{s-1}}{e^z - 1} dz + \frac{1}{2\pi i} \int_{C_3(r)} \frac{(-z)^{s-1}}{e^z - 1} dz$$

$$= \frac{1}{2\pi i} \int_\infty^r \frac{e^{(s-1)(\log x - i\pi)}}{e^x - 1} dx + \frac{1}{2\pi i} \int_r^\infty \frac{e^{(s-1)(\log x + i\pi)}}{e^x - 1} dx$$

$$= \left(-e^{-i(s-1)\pi} + e^{i(s-1)\pi} \right) \frac{1}{2\pi i} \int_r^\infty \frac{x^{s-1}}{e^x - 1} dx$$

$$= -\frac{\sin \pi s}{\pi} \int_r^\infty \frac{x^{s-1}}{e^x - 1} dx$$

$$\to -\frac{\sin \pi s}{\pi} \int_0^\infty \frac{x^{s-1}}{e^x - 1} dx \quad (r \to 0).$$

（ここで最後の項の広義積分は $\mathrm{Re}\, s - 1 > 0$ より収束していることに注意）．次に

$$\lim_{r \to 0} \int_{C_2(r)} \frac{(-z)^{s-1}}{e^z - 1} dz = 0$$

を示す．$e^z - 1$ は $D(0,1)$ において 0 のみを 1 位の零点にもつ正則関数であるから，$e^z - 1 = zg(z)$ かつ $g(0) \neq 0$ をみたす $D(0,1)$ 上の正則関数 g が存在する（[1, 定理 6.12] 参照）．$r > 0$ を十分小さくとれば，ある正数 c に対して $|g(z)| \geq c$ $(z \in D(0,r))$ となる．$z \in C_2(r)$ のとき

148 第7章 有理拡張で得られる有理型関数

$$\left| \frac{(-z)^{s-1}}{e^z - 1} \right| = \frac{e^{(\mathrm{Re}\,s-1)\log_R |z| - \mathrm{Im}\,s\,\arg(-z)}}{|z|\,|g(z)|} \le e^{|\mathrm{Im}\,s|\pi} \frac{r^{\mathrm{Re}\,s-1}}{rc}$$

であるから

$$\left| \int_{C_2(r)} \frac{(-z)^{s-1}}{e^z - 1} dz \right| \le \int_{C_2(r)} \left| \frac{(-z)^{s-1}}{e^z - 1} \right| |dz| \le e^{|\mathrm{Im}\,s|\pi} \frac{r^{\mathrm{Re}\,s-1}}{rc} 2\pi r$$

$$= 2\pi \frac{e^{|\mathrm{Im}\,s|\pi}}{c} r^{\mathrm{Re}\,s-1} \to 0 \ (r \to 0)$$

である．以上より補題が証明された． □

補題7.14

$\mathrm{Re}\,s > 1$ に対して

$$\zeta(s) = -\varphi(s)\,\Gamma(1-s).$$

[証明] 任意の $\varepsilon > 0$ に対して，$[\varepsilon, +\infty)$ で

$$\frac{1}{e^x - 1} = \frac{e^{-x}}{1 - e^{-x}} = \sum_{n=1}^{\infty} e^{-nx} \tag{7.14}$$

が一様収束している．ゆえに，$\mathrm{Re}\,s > 1$ の場合

$$\int_0^\infty \frac{x^{s-1}}{e^x - 1} dx = \sum_{n=1}^{\infty} \int_0^\infty x^{s-1} e^{-nx} dx$$

が得られる[5]．さて，$nx = y$ として置換積分すれば

$$\int_0^\infty x^{s-1} e^{-nx} dx = \frac{1}{n^s} \int_0^\infty y^{s-1} e^{-y} dy = \frac{1}{n^s} \Gamma(s)$$

である．以上のことから，$\mathrm{Re}\,s > 1$ においては，

---

5) ここで和と積分記号の交換ができることは，(7.14) を用いても証明できるが，ルベーグの収束定理というルベーグ積分の定理を用いれば容易に証明できる．

$$\int_0^\infty \frac{x^{s-1}}{e^x - 1} dx = \zeta(s)\Gamma(s)$$

の関係式が成り立っている. ゆえにオイラーの相補公式 (定理 7.7) より

$$\varphi(s)\Gamma(1-s) = -\frac{\sin(\pi s)}{\pi}\zeta(s)\Gamma(s)\Gamma(1-s) = -\zeta(s)$$

が得られる. □

以上の準備の下に, 定理 7.10 の証明をする.

[定理 7.10 の証明] $F(s) = -\varphi(s)\Gamma(1-s)$ とすると, 補題 7.14 より $F(s) = \zeta(s)$ $(\mathrm{Re}\, s > 1)$ である. 以下, $F(s)$ が $s = 1$ を 1 位の極にもつ C 上の有理型関数であることを示す. 補題 7.12 と定理 7.4 より $\varphi(s)\Gamma(1-s)$ は C 上の有理型関数で, 極となる可能性がある点は $\Gamma(1-s)$ の極である $s = 1, 2, \ldots$ である. $s = 2, 3, \ldots$ については, $-\varphi(s)\Gamma(1-s) = \zeta(s)$ の $\mathrm{Re}\, s > 1$ における正則性から $F(s)$ の極ではありえない. $s = 1$ の場合は $0 < r < 1$ に対して

$$\varphi_r(1) = \frac{1}{2\pi i}\int_{C(r)}\frac{1}{e^z - 1}dz = \frac{1}{2\pi i}\int_{C(0,r)}\frac{1}{e^z - 1}dz = 1$$

であるから, $F(s) = \varphi(s)\Gamma(1-s)$ は $s = 1$ を 1 位の極にもっている. □

ゼータ関数の零点に関する有名な予想として, リーマン予想『$0 \le \mathrm{Re}\, s \le 1$ における $\zeta(s)$ の零点はすべて $\mathrm{Re}\, s = \frac{1}{2}$ 上にあるだろう』がある.

なお, ゼータ関数は左半平面には, $-2n$ $(n = 1, 2, \ldots)$ に 1 位の零点をもつ (次の関係式参照).

150　第 7 章　有理拡張で得られる有理型関数

定理 7.15

$$\zeta(s) = 2^s \pi^{s-1} \sin\left(\frac{\pi s}{2}\right) \Gamma(1-s)\zeta(1-s)$$

[証明]　s を負の実数とする. 図 7-4 (1) のような曲線 Λ_n に沿う複素積分を考える. ただし, $[n, \infty)$ の左向きの積分は $(-z)^s$ の上からの切り込み線, また右向きの積分は下からの切り込み線を考えるものとする. $s < 0$ であることより, 容易に

$$\frac{1}{2\pi i} \int_{\Lambda_n} \frac{(-z)^{s-1}}{e^z - 1} dz \to 0 \ (n \to \infty)$$

が示せる. $C(r)$ を図 7-3 で定めた曲線とすると, $0 < r \leq 1$ に対して

$$\int_{\Lambda_n} \frac{(-z)^{s-1}}{e^z - 1} dz - \int_{C(r)} \frac{(-z)^{s-1}}{e^z - 1} dz = \int_{\gamma_n} \frac{(-z)^{s-1}}{e^z - 1} dz$$

(ただし γ_n は図 7-4 (2) で定められる曲線) が成り立つ. ここで, γ_n で囲まれる領域は $e^z - 1$ の零点である $2\pi ki \ (k = \pm 1, \pm 2, \ldots, \pm n)$ を含んでいる. $z = |z| e^{it+i\pi} \ (-\pi < t < \pi)$ のとき $\log(-z) = \log|z| + it$ であるから, $z = 2\pi ki$ のときは $z = 2\pi |k| e^{-i\pi/2+i\pi} \ (k > 0)$ であり, $z = 2\pi |k| e^{i\pi/2+i\pi} \ (k < 0)$ である. ゆえに

$$(-z)^{s-1} = e^{(s-1)\log(-z)} = e^{(s-1)(\log(2\pi|k|)-i\pi/2)} \ (k > 0),$$
$$(-z)^{s-1} = e^{(s-1)\log(-z)} = e^{(s-1)(\log(2\pi|k|)+i\pi/2)} \ (k < 0)$$

である.

$$e^z - 1 = (z - 2\pi ki) \sum_{n=0}^{\infty} \frac{1}{(n+1)!} (z - 2\pi ki)^n$$

であるから, $k > 0$ のときは

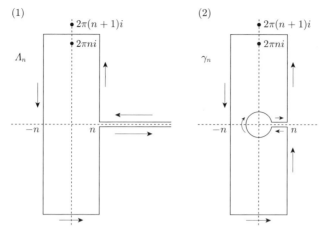

図 **7**-4　証明で用いる積分路

$$\operatorname{Res}\left(\frac{(-z)^{s-1}}{e^z-1};2\pi ki\right) = \lim_{z\to 2\pi ki}(z-2\pi ki)\frac{(-z)^{s-1}}{e^z-1}$$
$$= e^{(s-1)(\log(2\pi|k|)-i\pi/2)}$$
$$= (2\pi|k|)^{s-1}e^{-i(s-1)\pi/2}$$

また $k<0$ のときは

$$\operatorname{Res}\left(\frac{(-z)^{s-1}}{e^z-1};2\pi ki\right) = \lim_{z\to 2\pi ki}(z-2\pi ki)\frac{(-z)^{s-1}}{e^z-1}$$
$$= e^{(s-1)(\log(2\pi|k|)+i\pi/2)}$$
$$= (2\pi|k|)^{s-1}e^{i(s-1)\pi/2}$$

ゆえに $k>0$ に対して

$$\mathrm{Res}\left(\frac{(-z)^{s-1}}{e^z-1}; 2\pi ki\right) + \mathrm{Res}\left(\frac{(-z)^{s-1}}{e^z-1}; -2\pi ki\right)$$

$$= (2\pi |k|)^{s-1} e^{-i(s-1)\pi/2} + (2\pi |k|)^{s-1} e^{i(s-1)\pi/2}$$

$$= (2\pi k)^{s-1}\left(e^{-i(s-1)\pi/2} + e^{i(s-1)\pi/2}\right)$$

$$= 2(2\pi k)^{s-1}\cos\left(\frac{\pi s}{2} - \frac{\pi}{2}\right) = 2^s \pi^{s-1} k^{s-1} \sin\left(\frac{\pi s}{2}\right)$$

である. ゆえに

$$\frac{1}{2\pi i}\int_{\gamma_n}\frac{(-z)^{s-1}}{e^z-1}dz = 2^s\pi^{s-1}\sin\left(\frac{\pi s}{2}\right)\sum_{k=1}^{n}k^{s-1}$$

が成り立つ. $n \to \infty$ とすると, 以上のことから

$$-\varphi(s) = 2^s\pi^{s-1}\sin\left(\frac{\pi s}{2}\right)\zeta(1-s)$$

が得られる. この等式が $s < 0$ で成り立っているので, 一致の定理を用いれば, この等式は $\boldsymbol{C}$ 上で成り立つ ($\zeta(1-s)$ は $s=0$ を 1 位の極とし, $\sin\left(\frac{\pi s}{2}\right)$ は $s=0$ を 1 位の零点としているから, $\sin\left(\frac{\pi s}{2}\right)\zeta(1-s)$ は $s=0$ を除去可能特異点としている). ゆえに補題 7.14 より定理が証明された. $\square$

問題7.2 $\zeta(s)$ は $\{z \in \boldsymbol{C} : \mathrm{Re}\, z > 1\}$ には零点をもたないことを示せ.

付録

実変数関数の積分

154　付録　実変数関数の積分

A.1　広義積分

$f(x)$ を $(0, +\infty)$ 上の実数値連続関数とする．もしも有限な極限

$$\lim_{\substack{\delta>0,\delta\to 0 \\ M>0,M\to+\infty}} \int_\delta^M f(x)dx$$

が存在するとき，その値を

$$\int_0^\infty f(x)dx$$

と表し，$f(x)$ の $(0, +\infty)$ における広義積分という．このとき，$f(x)$ の $(0, +\infty)$ における広義積分は収束する，あるいは存在するという．$f(x)$ が $(0, +\infty)$ 上の複素数値連続関数の場合は，$\mathrm{Re}\, f(x)$ と $\mathrm{Im}\, f(x)$ の $(0, +\infty)$ における広義積分が収束するとき，$f(x)$ の $(0, +\infty)$ における広義積分が収束（あるいは存在）するといい，

$$\int_0^\infty f(x)dx = \int_0^\infty \mathrm{Re}\, f(x)dx + i \int_0^\infty \mathrm{Im}\, f(x)dx$$

とする．

次のことが知られている（証明は微分積分の本に委ねる．例えば [8, 第 4 章 §6, 定理 11, 定理 12] 参照）．

定理 A.1

$f(x)$ を $(0, +\infty)$ 上の実数値連続関数とする．$a > 0$ とする．もしも

$$\lim_{M',M\to+\infty} \left| \int_a^{M'} f(t)dt - \int_a^M f(t)dt \right| = 0,$$

$$\lim_{\delta',\delta\to 0} \left| \int_{\delta'}^a f(t)dt - \int_\delta^a f(t)dt \right| = 0$$

ならば，広義積分 $\int_0^\infty f(t)dt$ は収束する．

例 A.2

$s > 0$ のとき，広義積分 $\int_0^\infty t^{s-1}e^{-t}dt$ は収束する．

[解説] $t > 1$ のとき $t^{s-1} \leq Ce^{t/2}$ が成り立っている（ここで C は t に依存しない正定数）．したがって，$M' > M > 0$ に対して

$$\left| \int_1^{M'} t^{s-1}e^{-t}dt - \int_1^M t^{s-1}e^{-t}dt \right| = \int_M^{M'} t^{s-1}e^{-t}dt$$

$$\leq C \int_M^{M'} e^{-t/2}dt \to 0 \quad \left(M' > M \to +\infty \right).$$

また，$0 < t \leq 1$ に対して，$t^{s-1}e^{-t} \leq t^{s-1}$ であり，

$$\int_0^1 t^{s-1}dt = \left[\frac{1}{s}t^s \right]_{t=0}^1 = \frac{1}{s}$$

である．ゆえに問題の広義積分は収束する． $\square$

A.2 微分記号と積分記号の順序交換

本書において，微分記号と積分記号を交換する次の定理を用いた．

定理 A.3 [1, 定理 5.2] 参照

Ω を C 内の開集合とし，$f(t,z)$ を $[\alpha, \beta] \times \Omega$ 上の連続関数とする．$z = x + iy$ と表す．偏導関数 $\dfrac{\partial f}{\partial x}, \dfrac{\partial f}{\partial y}$ が存在し，$[\alpha, \beta] \times \Omega$ 上で連続であるとする．$\Delta(c, r) \subset \Omega$ であるとき，$z = x + iy \in D(c, r)$ に対して

$$\int_\alpha^\beta f(t,z)dt$$

は x と y に関して偏微分可能であり,

$$\frac{\partial}{\partial z}\int_\alpha^\beta f(t,z)dt = \int_\alpha^\beta \frac{\partial}{\partial z}f(t,z)dt,$$

$$\frac{\partial}{\partial \overline{z}}\int_\alpha^\beta f(t,z)dt = \int_\alpha^\beta \frac{\partial}{\partial \overline{z}}f(t,z)dt$$

が成り立つ.

この定理は微分積分で学ぶ実変数関数の微分記号と積分記号の交換に関する定理から直接導かれるものである.

問題解答

問題 2.1：（1）A は $\boldsymbol{C}$ 内に集積点 0 をもつが，$0 \notin \{z \in \boldsymbol{C} : \mathrm{Re}\,z > 0\}$ である
から，$\{z \in \boldsymbol{C} : \mathrm{Re}\,z > 0\}$ 内に集積点をもたない.

（2）任意に $c \in \Omega \smallsetminus A$ をとる.まず，ある $r > 0$ で $D(c, r) \cap A = \varnothing$
をみたすものが存在することを示す.もしこれが成り立たないと仮定する
と，任意の $n \in \boldsymbol{N}$ に対して，$a_n \in D\left(c, \dfrac{1}{n}\right) \cap A$ が存在する.このとき
$a_n \neq c$ であり，$a_n \to c\ (n \to \infty)$ をみたす.$c \in \Omega$ であるから，A が Ω
の孤立集合であることに反する.

$D(c, r) \cap A = \varnothing$ であるから $0 < r' < r$ をさらに小さくとって $D(c, r')$
$\subset \Omega \smallsetminus A$ とできる.ゆえに $\Omega \smallsetminus A$ は開集合である.

問題 2.2：$\Delta(c, r) \subset \Omega$ をみたす $r > 0$ が存在する.定理 1.9 より $f(z) =$
$\sum\limits_{n=0}^{\infty} a_n (z - c)^n$ とべき級数展開できる.仮定より任意の n に対して $a_n =$
0 である.すなわち $f(z)$ は $D(c, r)$ 上で 0 である.一致の定理より $f(z)$
$= 0\ (z \in \Omega)$ である.

問題 2.3：$c \in \Omega$ を任意にとる.c が $f(z)$ の k 位の極であるとする.また c が
$g(z)$ の l 位の零点の場合を論ずればよい.このとき，十分小さな $r > 0$ に
対して，$\Delta(c, r)$ 上で f, g はそれぞれ次のようにローラン展開，べき級数
展開できる.

$$f(z) = \sum_{n=-k}^{\infty} a_n (z - c)^n = \frac{1}{(z - c)^k} \sum_{n=0}^{\infty} a_{n-k} (z - c)^n$$

$$g(z) = \sum_{n=l}^{\infty} b_n (z - c)^n = (z - c)^l \sum_{n=0}^{\infty} b_{n+l} (z - c)^n$$

ここで，$f_0(z) = \sum\limits_{n=0}^{\infty} a_{n-k} (z - c)^n$，$g_0(z) = \sum\limits_{n=0}^{\infty} b_{n+l} (z - c)^n$ と定める
と，これらは $D(c, r)$ 上の正則関数で，$f_0(c) \neq 0$，$g_0(c) \neq 0$ となってい
る.したがって，$\dfrac{f_0(z)}{g_0(z)}$ は十分小さな $r' > 0$ に対して，$D(c, r')$ 上で正則

関数になっている．ゆえに $D(c, r')$ 上で

$$\frac{f_0(z)}{g_0(z)} = \sum_{n=0}^{\infty} \gamma_n (z - c)^n$$

とべき級数展開できる．ゆえに

$$\frac{f(z)}{g(z)} = (z - c)^{l-k} \sum_{n=0}^{\infty} \gamma_n (z - c)^n$$

とローラン展開（$l - k \geq 0$ ならべき級数展開）できる．ゆえに主要部は高々有限個である．c は Ω に任意の点であるから，$\dfrac{f(z)}{g(z)}$ は Ω 上の有理型関数である．

問題 2.4：$\sin(z - \pi) = \dfrac{1}{2i}(e^{iz-i\pi} - e^{-iz+i\pi}) = -\dfrac{1}{2i}(e^{iz} - e^{-iz}) = -\sin z$ である．ゆえに

$$-\sin z = -\sin(z - \pi) = \sum_{n=0}^{\infty} (-1)^n \frac{(z - \pi)^{2n+1}}{(2n+1)!}$$

$$= (z - \pi) \sum_{n=0}^{\infty} (-1)^n \frac{(z - \pi)^{2n}}{(2n+1)!}$$

$$= (z - \pi)h(z),$$

ここで $h(z)$ は M-判定法から整関数で，$h(\pi) = 1$．ゆえに $f(z)$ は π の近傍で有界．

問題 2.5：$e^{1/z} = \displaystyle\sum_{n=0}^{\infty} \frac{1}{n!z^n}$．

問題 3.1：$z = 1$ は除去可能な特異点．$\sin \pi z = zg(z)$，ただし $g(z)$ は整関数で $g(0) = \pi$ と表せる．ゆえに $z = 0$ は 1 位の極で，

$$\mathrm{Res}\,(f\,; 0) = \lim_{z \to 0} zf(z) = -g(0) = -\pi.$$

問題 3.2：図 3-1 に沿う複素積分を使う．$\dfrac{1}{(x^2+1)(x^2+4)}$ の上半円に含まれる極は $i, 2i$ で 1 位である．それぞれの留数は

$$\lim_{z \to i} \frac{1}{(z+i)(z^2+4)} = \frac{1}{6i}, \quad \lim_{z \to 2i} \frac{1}{(z^2+1)(z+2i)} = -\frac{1}{12i}$$

であるから，求める積分は $2\pi i \left(\dfrac{1}{6i} - \dfrac{1}{12i} \right) = \dfrac{1}{6}\pi$．

問題 3.3：略．

問題 3.4：

$$\int_0^{2\pi} \frac{1}{3+2\cos t}\,dt = \int_{C(0,1)} \frac{z}{3z+z^2+1}\frac{1}{iz}\,dz = \frac{1}{i}\int_{C(0,1)} \frac{1}{3z+z^2+1}\,dz$$

$$= \frac{1}{i}\int_{C(0,1)} \frac{1}{\left(z-\dfrac{\sqrt{5}-3}{2}\right)\left(z+\dfrac{1}{2}\sqrt{5}+\dfrac{3}{2}\right)}\,dz$$

$$= 2\pi\,\mathrm{Res}\left(\frac{1}{3z+z^2+1}, \frac{\sqrt{5}-3}{2}\right)$$

$$= 2\pi\lim_{z\to\frac{\sqrt{5}-3}{2}} \frac{1}{\left(z+\dfrac{\sqrt{5}+3}{2}\right)} = \frac{2\pi}{\sqrt{5}}$$

問題 3.5： $R>1$ とし，$\mathrm{Res}\,(z^a/(1+z)^2; -1) = -ae^{\pi ia}$ であり，上からの切り込み線では，$z^a = x^a$，下からの切り込み線では $e^{a\log z} = x^a e^{2\pi ia}$ であるから，

$$\int_0^\infty \frac{x^a}{(1+x)^2}\,dx - \int_0^\infty \frac{x^a e^{2\pi ia}}{(1+x)^2}\,dx = -2\pi ia e^{\pi ia}.$$

これより求める積分は $\dfrac{\pi a}{\sin\pi a}$．

問題 3.6： 任意に $\varepsilon > 0$ をとる．$\varepsilon < \theta < \pi - \varepsilon$ ならば

$$e^{-R\sin\theta} \le e^{-R\sin\varepsilon}$$

であるから，

$$\left|\int_0^\pi e^{-R\sin\theta}\,d\theta\right| \le e^{-R\sin\varepsilon}\int_\varepsilon^{\pi-\varepsilon} d\theta + \int_0^\varepsilon d\theta + \int_{\pi-\varepsilon}^\pi d\theta$$

$$\to 2\varepsilon\ (R\to\infty)$$

である．このことから問題が証明される．

問題 3.7： 図 B-1 に沿った $\dfrac{e^{iz}}{z-1}$ の複素積分をする．$C_R = \{Re^{it} : 0 \le t \le \pi\}$ とする．このとき，$R\to +\infty$ とすると

$$\left|\int_{C_R} \frac{e^{iz}}{z-1}\,dz\right| = \left|\int_0^\pi \frac{e^{iR(\cos t + i\sin t)}}{Re^{it}-1}iRe^{it}\,dt\right|$$

$$\le \frac{R}{R-1}\int_0^\pi e^{-R\sin t}\,dt \to 0.$$

$C_\varepsilon = \{1 + \varepsilon e^{it} : 0 \le t \le \pi\}$ とすると補題 3.10 より

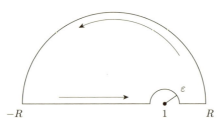

図 B-1 積分路.

$$\lim_{\varepsilon \to 0} \int_{C_\varepsilon^-} \frac{e^{iz}}{z-1} dz = -i\pi \mathrm{Res}\left(\frac{e^{iz}}{z-1}; 1\right) = -i\pi e^i$$

ゆえに

$$\mathrm{P.V.} \int_{-\infty}^{\infty} \frac{e^{ix}}{x-1} dx = i\pi e^i = -\pi \sin 1 + i\pi \cos 1$$

ゆえに求める積分は $\pi \cos 1$ である.

問題 4.1: $\sin \pi z = \dfrac{1}{2i}\left(e^{i\pi(x+iy)} - e^{-i\pi(x+iy)}\right)$ である. ここで $e^{-\pi y} - e^{\pi y} = 0 \iff y = 0$ であり, また $e^{i\pi x} = e^{-i\pi x} \iff$ 「x は整数」である. よって $\sin \pi z$ の零点は整数点である.

問題 4.2: $e^{i\pi(z+1)} = e^{i\pi z}e^{i\pi} = -e^{i\pi z}$, $e^{-i\pi(z+1)} = e^{-i\pi z}e^{-i\pi} = -e^{-i\pi z}$ であるから

$$\sin \pi(z+1) = \frac{1}{2i}\left(e^{i\pi(z+1)} - e^{-i\pi(z+1)}\right) = -\frac{1}{2i}\left(e^{i\pi z} - e^{-i\pi z}\right)$$
$$= -\sin \pi z.$$

同様に $\cos \pi(z+1) = -\cos \pi z$. 以上のことから問題が示せる.

問題 4.3: $\lim_{z \to 0} z\dfrac{1}{\sin \pi z} = \dfrac{1}{\pi}$ より $\dfrac{1}{\sin \pi z}$ の 0 における主要部は $H\left(\dfrac{1}{z}\right) = \dfrac{1}{\pi z}$ である. ゆえに $g(z) = \dfrac{1}{\sin \pi z} - \dfrac{1}{\pi z}$ $(z \neq 0)$, $g(0) = 0$ とおくと, g は原点以外の整数点を 1 位の極とするような有理型関数である. $\sin \pi(z+1) = -\sin \pi z$ より $\sin \pi z$ の整数点 n における主要部は $H\left(\dfrac{1}{z-n}\right) = \dfrac{(-1)^n}{\pi(z-n)}$ である. C_n を定理 4.4 で定めた正方形の周とする. $|\mathrm{Re}\, z| \leq \dfrac{1}{2}$, $|\mathrm{Im}\, z| \leq 1$ において g は有界である. $|\mathrm{Re}\, z| \leq \dfrac{1}{2}$, $|\mathrm{Im}\, z| > 1$ で有界であることを示す.

$$\frac{1}{\sin \pi z} = \frac{2i}{e^{i\pi z} - e^{-i\pi z}} = \frac{2i}{e^{i\pi x}e^{-\pi y} - e^{-i\pi x}e^{\pi y}}$$

$$= \frac{2i}{e^{-i\pi x}e^{\pi y}(e^{2\pi ix}e^{-2\pi y} - 1)}$$

$$= \frac{2i}{e^{i\pi x}e^{-\pi y}(1 - e^{-2\pi ix}e^{2\pi y})}$$

である．ゆえに $|x| = |\mathrm{Re}\, z| \leq \dfrac{1}{2}$，$y = \mathrm{Im}\, z > 1$ の場合は

$$\left| \frac{1}{\sin \pi z} \right| = \frac{2}{e^{\pi y}\left|1 - e^{2\pi ix}e^{-2\pi y}\right|} \leq \frac{2}{e^{\pi y}\left(1 - e^{-2\pi y}\right)}$$

より有界である．$|x| \leq \dfrac{1}{2}$，$y < -1$ の場合は

$$\left| \frac{1}{\sin \pi z} \right| = \frac{2}{e^{-\pi y}\left|1 - e^{-2\pi ix}e^{2\pi y}\right|} \leq \frac{2}{e^{-\pi y}\left(1 - e^{2\pi y}\right)}$$

より有界である．したがって，g は $|\mathrm{Re}\, z| \leq \dfrac{1}{2}$ で有界である．$|\sin \pi(z+1)| = |\sin \pi z|$ より，$|g|$ は C_n 上で n に関係しない正定数で上から抑えられる．したがって定理 4.3 より

$$\frac{1}{\sin \pi z} - \frac{1}{\pi z} = \lim_{N \to \infty} \sum_{\substack{k=-N \\ k \neq 0}}^{N} \frac{(-1)^k}{\pi}\left(\frac{1}{z-k} + \frac{1}{k}\right)$$

$$= \lim_{N \to \infty} \sum_{k=1}^{N} \frac{(-1)^k}{\pi}\left(\frac{1}{z-k} + \frac{1}{z+k}\right)$$

$$= \lim_{N \to \infty} \frac{2z}{\pi} \sum_{k=1}^{N} (-1)^k \frac{1}{z^2 - k^2}$$

ゆえに

$$\frac{\pi}{\sin \pi z} = \frac{1}{z} + 2z \sum_{k=1}^{\infty} \frac{(-1)^k}{z^2 - k^2}$$

他は省略．

問題 5.1：(1) $w = \dfrac{1}{z}$ とすると $F(w) = f\left(\dfrac{1}{w}\right) = \dfrac{1}{w}$．ゆえに ∞ は $f(z)$ の 1 位の極である．$|z| \leq \infty$ では正則ではない．

(2) $F(w) = f\left(\dfrac{1}{w}\right) = w$．ゆえに ∞ は $f(z)$ の正則点である．ゆえに $0 < |z| \leq \infty$ で正則である．

問題 5.2：$z_n = x_n + iy_n$，$z = x + iy$ と実部と虚部に分けて考える．$|x_n|, |y_n| \leq |z_n|$ より $\displaystyle\sum_{n=-\infty}^{\infty} x_n = x$，$\displaystyle\sum_{n=-\infty}^{\infty} y_n = y$ とそれぞれ絶対収束している．し

たがって $\sum_{n=-\infty}^{\infty} x_{\sigma(n)} = t$, $\sum_{n=-\infty}^{\infty} y_{\sigma(n)} = s$ である. ゆえに

$$\sum_{n=-\infty}^{\infty} z_{\sigma(n)} = \sum_{n=-\infty}^{\infty} x_{\sigma(n)} + i \sum_{n=-\infty}^{\infty} y_{\sigma(n)} = x + iy = z$$

問題 5.3 : $|x_n| \le M < +\infty$ $(n \in \boldsymbol{Z})$ とする.

$$|h * x[n]| = \left| \sum_{k=-\infty}^{\infty} h[k]x[n-k] \right| \le M \sum_{k=-\infty}^{\infty} |h[k]|.$$

問題 5.4 : $H(z) = \dfrac{2}{1 - \dfrac{1}{2}z^{-1}} = \dfrac{2z}{z - \dfrac{1}{2}}$ であるから, $A\left(0; \dfrac{1}{2}, +\infty\right)$ で正則である. このことから, h は安定かつ因果的であることがわかる. $n \ge 0$ のときは

$$h_n = \frac{1}{2\pi i} \int_{C(0,1)} H(z)z^{n-1} dz = \frac{1}{\pi i} \int_{C(0,1)} \frac{z^n}{z - \dfrac{1}{2}} dz$$

$$= \frac{1}{\pi i} 2\pi i \operatorname{Res}\left(\frac{z^n}{z - \dfrac{1}{2}}; \frac{1}{2} \right) = 2 \lim_{z \to 1/2} z^n = 2^{1-n}.$$

問題 6.1 : (1) $\displaystyle\prod_{n=1}^{N}\left(1 + \frac{1}{n}\right) = 2 \cdot \frac{3}{2} \cdot \frac{4}{3} \cdots \frac{n+1}{n} = n+1 \to +\infty$ であるから, 発散する.

$$(2) \quad \prod_{n=1}^{2N}\left(1 + \frac{(-1)^n}{n+1}\right) = \left(1 - \frac{1}{2}\right)\left(1 + \frac{1}{3}\right)\left(1 - \frac{1}{4}\right)$$

$$\cdots \left(1 + \frac{1}{2N-1}\right)\left(1 - \frac{1}{2N}\right)\left(1 + \frac{1}{2N+1}\right)$$

$$= \frac{1}{2} \cdot \frac{5}{4} \cdot \frac{4}{5} \cdot \frac{7}{6} \cdot \frac{6}{7} \cdots \frac{2N}{2N-1} \cdot \frac{2N-1}{2N} \cdot \frac{2N+2}{2N+1}$$

$$= \frac{1}{2} \cdot \frac{2N+2}{2N+1} = \frac{1 + \dfrac{1}{N}}{2 + \dfrac{1}{N}} \to \frac{1}{2},$$

$$\prod_{n=1}^{2N+1}\left(1 + \frac{(-1)^n}{n+1}\right) = \frac{1}{2} \cdot \frac{2N+2}{2N+1} \cdot \frac{2N+1}{2N+2} = \frac{1}{2}.$$

よって, 収束し極限値は $\dfrac{1}{2}$.

問題 6.2 : (1) は一様収束の定義から明らか.

(2) $|e^z| \le e^{|z|}$ $(z \in \boldsymbol{C})$ である. また $z, w \in C$ に対して, $l_{z,w}$ を z と w を結ぶ線分とすると

$$\left|e^z - e^w\right| = \left|\int_{l_{z,w}} e^u \, du\right| \le \int_{l_{z,w}} |e^u| \, |du| \le \sup_{0 \le \theta \le 1} \left|e^{w+\theta(z-w)}\right| |z - w|$$

$$\le e^{|w|} e^{|z-w|} |z - w|$$

である．仮定より $\lim_{n \to \infty} \|f_n - f\|_E = 0$ である．ゆえに $n \to \infty$ のとき

$$\left\|e^{f_n} - e^f\right\|_E \le e^{\|f\|_E} e^{\|f_n - f\|_E} \|f_n - f\|_E \to 0$$

である．よって e^{f_n} は e^f に E 上で一様収束している．

(3) (2) を用いれば示せる．

問題 6.4：$z = \dfrac{1}{2}$ を代入して

$$\frac{2}{\pi} = \lim_{N \to \infty} \prod_{n=1}^{N} \left(1 - \frac{1}{2^2 n^2}\right) = \lim_{N \to \infty} \prod_{n=1}^{N} \frac{(2n-1)(2n+1)}{2^2 n^2}$$

$$= \lim_{N \to \infty} \frac{1 \cdot 3^2 \cdot 5^2 \cdot \cdots \cdot (2N-1)^2 (2N+1)}{2^{2N} (N!)^2}$$

$$= \lim_{N \to \infty} \frac{1 \cdot 2^2 \cdot 3^2 \cdot 4^2 \cdot 5^2 \cdot \cdots \cdot (2N-1)^2 (2N)^2 (2N+1)}{2^{2N} (N!)^2 \, 2^{2N} (N!)^2}$$

$$= 2 \lim_{N \to \infty} \left(\frac{(2N)!}{2^{2N} (N!)^2}\right)^2 \left(N + \frac{1}{2}\right) = 2 \lim_{N \to \infty} \left(\frac{\sqrt{N}(2N)!}{2^{2N} (N!)^2}\right)^2 .$$

問題 7.1：もたない．

問題 7.2：定理 6.4 と定理 7.9 を用いればよい．

(7.6) の証明　$0 < s \le 1$ の場合は，$t^{s-1} \le 1$ より明らか．$1 < s < R$ の場合を示す．$h(t) = t^{s-1} e^{-t/2}$ とおくと，

$$h'(t) = -\frac{1}{2} t^{s-2} e^{-\frac{1}{2}t}(t - 2(s-1))$$

より $t = 2(s-1)$ のときに最大値

$$h(2(s-1)) = \left(\frac{2}{e}\right)^{s-1} (s-1)^{s-1}$$

をとる．

$$\left(\frac{2}{e}\right)^{s-1} (s-1)^{s-1} \le (s-1)^{s-1} \le (R-1)^{R-1} = C_R$$

とすれば求める不等式が得られる．

第 7.4 節の文中の問題　$u(z) = \mathrm{Re}(\log(-z))$，$v(z) = \mathrm{Im}(\log(-z))$ とおく．$z \in \boldsymbol{C} \setminus [0, +\infty)$ は $z = |z| e^{i(t+\pi)}$ $(-\pi \le t < \pi)$ と表すことができる．

$$e^{u(z)+iv(z)} = e^{\log(-z)} = \quad z = |z|\,e^{it}$$

である．ゆえに $e^{u(z)} = |z|$ かつ $v(z) = t + 2k\pi$ $(k \in \mathbf{Z})$ である．したがって $u(z) = \log_R |z|$ である．特に $t = 0$ の場合は $z = -|z| \in (-\infty, 0)$ であるから，このときは $\log_R |-z| = \log(-z) = \log_R |z| + i(2k\pi)$ となるように定めるということは $k = 0$ とすることである．ゆえに

$$\log(-z) = \log_R |z| + it$$

である．

文献案内

　本書では有理型関数の基礎的な部分を解説した．より詳しく知り
たい読者のために参考書をあげておく．これらは本書を執筆する際
にも証明など参考にさせていただいたものである．

　有理型関数については，たとえば Fischer[4]，Freitag-Busam
[5]，Gamelin[7]，高橋 [17]，田村 [18]，野口 [11]，スタイン-シャ
カルチ [16]，Rudin[15]，Remmert[13]，竜沢 [19]，辻 [20]（第 4 章
の定理の証明の多くは，辻 [20] に拠る所が大きい）などにも解説
がある．この中で Freitag-Busam[5]，竜沢 [19] は本書では扱わな
かった楕円函数，解析的数論の話題が多い．本書では触れなかっ
たが，有理型関数の値分布に関するネヴァンリンナ理論があり，辻
[20] に基礎的な事項が書かれている．

　この他，本書で触れたハーディ空間，ネヴァンリンナ空間につい
ては Duren[3]，Koosis[9] などの専門書に詳しく解説されている．

　有理型関数に関する演習問題は，辻他 [21] に数多くの問題が集
められている．内容的には練習用のものから，定理として知られて
いるものなども含まれている．

　ゼータ関数についての最近までのトピックスについては黒川 [10]
で知ることができる．本シリーズには黒川重信著『素数とゼータ関
数入門』が予定されている．

関連図書

[1] 新井仁之，『正則関数』数学のかんどころ 36 巻，共立出版，2018.

[2] 新井仁之，『フーリエ解析学』，朝倉書店，2003.

[3] P. L. Duren, Theory of H^p Spaces, Dover, 2000.

[4] S. D. Fisher, Complex Variables, 2nd Edition, Dover, 1990.

[5] E. Freitag and R. Busam, Complex Analysis, 2nd ed., Springer, 2009.

[6] 藤原松三郎，（数學解析 第一編）『微分積分學 第一巻』，内田老鶴圃，1934.

[7] T. W. Gamelin, Complex Analysis, Springer, 2001.

[8] 入江昭二・垣田高夫・杉山昌平・宮寺功，『微分積分 上・下』，内田老鶴圃，1975.

[9] P. Koosis, Introduction to H_p Spaces, 2nd ed., Cambridge Univ. Press, 1998.

[10] 黒川重信，『リーマン予想の 150 年』，岩波書店，2009.

[11] 野口潤次郎，『複素解析概論』，裳華房，1993.

[12] R. E. Norton, Complex Variables for Scientists and Engineers, An Introduction, Oxford Univ. Press, 2010.

168 関連図書

[13] R. Remmert, Classical Topics in Complex Function Theory, Springer, 1998.

[14] B. Riemann, Ueber die Anzhal der Primzahlen unter einer gegebenen Grösse, Monatsberichte de Königlichen Preussischen Akademie der Wissenshaften zu Berlin, 1859.

[15] W. Rudin, Real and Complex Analysis, McGraw Hill.

[16] E. M. Stein and R. Shakarchi, Complex Analysis, Princeton Univ. Press, 2003. （訳書）スタイン–シャカルチ著，新井仁之・杉本充・髙木啓行・千原浩之訳，『複素解析』，日本評論社，2009.

[17] 高橋礼司，『複素解析』，東京大学出版会，1990.

[18] 田村二郎，『解析関数（新版)』，裳華房，1983.

[19] 竜沢周雄，『関数論』共立全書 233，共立出版，1980.

[20] 辻正次，『複素函数論』，槇書店，1968.

[21] 辻正次・小松勇作・田村二郎・小沢満・祐乗坊瑞満・水本久夫，『大学演習 函数論』，裳華房，1959.

索　引

■ あ

安定　93
一様収束　9
一致の定理　12
因果的　85, 93
ウォリスの公式　121
円環領域　18
円周　5
オイラー定数　132
オイラーの相補公式　135

■ か

開円板　5
ガウス関数　45
ガウスの乗積表示　132
拡張された複素平面　96
各点収束　9
軌跡　3
逆 z 変換　87
境界　6
極　25
区分的に C^1 級　4
広義一様収束　9
広義積分　154
コーシーの積分定理　8
コーシーの定理　8
孤立点の集合　26

孤立特異点　25

■ さ

再帰型システム　95
最大値の原理　12
C^1 級曲線　4
時間不変　90
上半平面上のポアソン核　44
除去可能な特異点　29
ジョルダン閉曲線　5
真性特異点　25
整関数　2
正則　2
正則点　25
正に向きづけられている　7
ゼータ関数　138
絶対可積分　42
絶対収束　10
z 変換　85
z 変換の収束域　85
線形システム　90
線形たたみ込み積　89

■ た

対数微分法　111
たたみ込み積　89
単位インパルス応答　92

■ な

ネヴァンリンナ空間　123

■ は

ハーディ空間　123
左側数列　85
BIBO 安定　93
フィルタ　92
フーリエ変換　42
複素微分可能　2
部分分数展開　58
ブラシュケ条件　78
ブラシュケ積　121
フレネル積分　55
閉円板　5
べき級数　11

■ ま

右側数列　85
無限遠での極　80
無限遠での正則点　80
無限遠点　97
無限積　104
無限積の絶対収束　105

■ や

有界領域　6

有限個の区分的に C^1 級のジョル
　　ダン閉曲線で囲まれる有界領
　　域　6
有理関数　15
有理型関数　26

■ ら

リーマン球面　96
リーマンの除去可能特異点定理
　　29
リーマン予想　149
留数　34
留数の原理　36
領域　5
両側数列　85
ルジャンドルの公式　136
零点　12
ローラン級数　16
ローラン展開　23

■ わ

ワイエルシュトラスの M 判定法
　　10
ワイエルシュトラスの基本因子
　　117

memo

〈著者紹介〉

新井　仁之（あらい　ひとし）

略　　歴
1959 年生.
早稲田大学教育学部卒業，同大学大学院理工学研究科修士課程修了．東北大学理学部助手・講師・助教授，
東北大学大学院理学研究科教授，東京大学大学院数理科学研究科教授を経て，
早稲田大学　教育・総合科学学術院教授.
専門は解析学，応用解析学，数理視覚科学.

数学のかんどころ **37**

有理型関数

（*Meromorphic Functions*）

2018 年 12 月 25 日　初版 1 刷発行

著　者　新井仁之　ⓒ 2018

発行者　南條光章

発行所　**共立出版株式会社**

〒112-0006
東京都文京区小日向 4-6-19
電話番号　03-3947-2511　（代表）
振替口座　00110-2-57035

共立出版（株）ホームページ
www.kyoritsu-pub.co.jp

印　刷　大日本法令印刷

製　本　協栄製本

検印廃止
NDC 413.52
ISBN 978-4-320-11390-9

一般社団法人
自然科学書協会
会員

Printed in Japan

JCOPY　＜出版者著作権管理機構委託出版物＞
本書の無断複製は著作権法上での例外を除き禁じられています．複製される場合は，そのつど事前に，
出版者著作権管理機構（ＴＥＬ：03-5244-5088，ＦＡＸ：03-5244-5089，e-mail：info@jcopy.or.jp）の
許諾を得てください.

数学の かんどころ

編集委員会：飯高　茂・中村　滋・岡部恒治・桑田孝泰

ここがわかれば数学はこわくない！　数学理解の要点(極意)ともいえる"かんどころ"を懇切丁寧にレクチャー。ワンテーマ完結＆コンパクト＆リーズナブル主義の現代的な数学ガイドシリーズ。

① 内積・外積・空間図形を通して
ベクトルを深く理解しよう
飯高　茂著‥‥‥‥‥‥120頁・本体1,500円

② 理系のための行列・行列式
めざせ！理論と計算の完全マスター
福間慶明著‥‥‥‥‥‥208頁・本体1,700円

③ 知っておきたい幾何の定理
前原　潤・桑田孝泰著‥176頁・本体1,500円

④ 大学数学の基礎
酒井文雄著‥‥‥‥‥‥148頁・本体1,500円

⑤ あみだくじの数学
小林雅人著‥‥‥‥‥‥136頁・本体1,500円

⑥ ピタゴラスの三角形とその数理
細矢治夫著‥‥‥‥‥‥198頁・本体1,700円

⑦ 円錐曲線 歴史とその数理
中村　滋著‥‥‥‥‥‥158頁・本体1,500円

⑧ ひまわりの螺旋
来嶋大二著‥‥‥‥‥‥154頁・本体1,500円

⑨ 不等式
大関清太著‥‥‥‥‥‥196頁・本体1,700円

⑩ 常微分方程式
内藤敏機著‥‥‥‥‥‥264頁・本体1,900円

⑪ 統計的推測
松井　敬著‥‥‥‥‥‥218頁・本体1,700円

⑫ 平面代数曲線
酒井文雄著‥‥‥‥‥‥216頁・本体1,700円

⑬ ラプラス変換
國分雅敏著‥‥‥‥‥‥200頁・本体1,700円

⑭ ガロア理論
木村俊一著‥‥‥‥‥‥214頁・本体1,700円

⑮ 素数と2次体の整数論
青木　昇著‥‥‥‥‥‥250頁・本体1,900円

⑯ 群論，これはおもしろい トランプで学ぶ群
飯高　茂著‥‥‥‥‥‥172頁・本体1,500円

⑰ 環論，これはおもしろい
素因数分解と循環小数への応用
飯高　茂著‥‥‥‥‥‥190頁・本体1,500円

⑱ 体論，これはおもしろい 方程式と体の理論
飯高　茂著‥‥‥‥‥‥152頁・本体1,500円

⑲ 射影幾何学の考え方
西山　享著‥‥‥‥‥‥240頁・本体1,900円

⑳ 絵ときトポロジー 曲面のかたち
前原　潤・桑田孝泰著‥128頁・本体1,500円

㉑ 多変数関数論
若林　功著‥‥‥‥‥‥184頁・本体1,900円

㉒ 円周率 歴史と数理
中村　滋著‥‥‥‥‥‥240頁・本体1,700円

㉓ 連立方程式から学ぶ行列・行列式
意味と計算の完全理解　　岡部恒治・長谷川
愛美・村田敏紀著‥‥‥232頁・本体1,900円

㉔ わかる！使える！楽しめる！ベクトル空間
福間慶明著‥‥‥‥‥‥198頁・本体1,900円

㉕ 早わかりベクトル解析
3つの定理が織りなす華麗な世界
澤野嘉宏著‥‥‥‥‥‥208頁・本体1,700円

㉖ 確率微分方程式入門
数理ファイナンスへの応用
石村直之著‥‥‥‥‥‥168頁・本体1,900円

㉗ コンパスと定規の幾何学 作図のたのしみ
瀬山士郎著‥‥‥‥‥‥168頁・本体1,700円

㉘ 整数と平面格子の数学
桑田孝泰・前原　潤著‥140頁・本体1,700円

㉙ 早わかりルベーグ積分
澤野嘉宏著‥‥‥‥‥‥216頁・本体1,900円

㉚ ウォーミングアップ微分幾何
國分雅敏著‥‥‥‥‥‥168頁・本体1,900円

㉛ 情報理論のための数理論理学
板井昌典著‥‥‥‥‥‥214頁・本体1,900円

㉜ 可換環論の勘どころ
後藤四郎著‥‥‥‥‥‥238頁・本体1,900円

㉝ 複素数と複素数平面へ 幾何への応用
桑田孝泰・前原　潤著‥148頁・本体1,700円

㉞ グラフ理論とフレームワークの幾何
前原　潤・桑田孝泰著‥150頁・本体1,700円

㉟ 圏論入門
前原和壽著‥‥‥‥‥‥224頁・本体1,900円

㊱ 正則関数
新井仁之著‥‥‥‥‥‥200頁・本体1,900円

㊲ 有理型関数
新井仁之著‥‥‥‥‥‥184頁・本体1,900円

【各巻：A5判・並製・税別本体価格】
(価格は変更される場合がございます)

https://www.kyoritsu-pub.co.jp

共立出版

公式Facebook
https://www.facebook.com/kyoritsu.pub